冷拼工艺与雕刻

主　编　彭文明
副主编　陈　浩
参　编　王　政　赵瑞斌　宝全喜
　　　　白志富　刘　芳　陈海波

重庆大学出版社

内容提要

本书结合餐饮行业的业务实践编写而成，共分为4个项目，包括冷菜概述、冷菜制作工艺、冷菜装盘工艺和食品雕刻工艺。此外，为了方便教学，在章节中设有知识目标、能力目标、精美插图与菜品实例等内容，以帮助学生加强对内容的理解、消化和吸收。

本书由专业教师和餐饮行业专家共同完成，理论与实践相结合，突出职业能力培养，内容广泛，实用性强，资料新颖，插图精美，涵盖了当前较全的专业知识。本书不仅可以作为职业教育烹饪专业教材，还可以作为本科烹饪专业教材和行业人员的培训用书。

图书在版编目（CIP）数据

冷拼工艺与雕刻 / 彭文明主编. -- 重庆：重庆大学出版社，2020.8
ISBN 978-7-5689-2126-8

Ⅰ.①冷… Ⅱ.①彭… Ⅲ.①凉菜—制作②食品—装饰雕塑 Ⅳ.①TS972.114

中国版本图书馆CIP数据核字（2020）第075897号

冷拼工艺与雕刻

主　编　彭文明
副主编　陈　浩
策划编辑：沈　静

责任编辑：夏　宇　杨　颖　　版式设计：沈　静
责任校对：邹　忌　　　　　　　责任印制：张　策

＊

重庆大学出版社出版发行
出版人：饶帮华
社址：重庆市沙坪坝区大学城西路21号
邮编：401331
电话：(023) 88617190　88617185（中小学）
传真：(023) 88617186　88617166
网址：http://www.cqup.com.cn
邮箱：fxk@cqup.com.cn（营销中心）
全国新华书店经销
重庆升光电力印务有限公司印刷

＊

开本：787mm×1092mm　1/16　印张：7.75　字数：196千
2020年8月第1版　　2020年8月第1次印刷
印数：1—2 000
ISBN 978-7-5689-2126-8　定价：39.00元

前　言

随着人民生活水平的提高和对餐饮业需求的急剧增长，我国的烹饪教育得到了快速的发展，烹饪教材建设取得了一定的成果。但是，由于我国的烹饪教育起步较晚，又长时间囿于各省区、各单位独立办学局限，自主设教、单兵作战的办学形式不可避免地造成了许多烹饪教材缺少必要的规范和深入的科学论证。对此，广大烹饪教育工作者非常期望有关方面组织编写一套适合我国烹饪教育不同地区、不同层次需要的规范化、科学化的教材，以适应烹饪教育的发展。

"冷拼工艺与雕刻"是烹饪类专业的核心课程。本书的编写是在现有较为成熟的同类教材的基础上取长补短，力求做到科学性、先进性与实用性相结合，注重理论知识和实践技能的有机结合。从烹饪专业的实际出发，将新知识、新技能充分、及时地融入教材中，使教材紧跟时代步伐。

本书最大的特点是以专业知识实用为准绳，以提高学生的职业能力为目的，系统、完整地将冷菜制作和冷拼雕刻工艺有机结合。同时，基于"工学结合"和"顶岗实习"的教学理念，构建科学的课程新体系，体现教、学、实习一体化，使学生进入实习企业后最大可能地与企业实际运行零差距接轨。

本书由2所本科院校、2所高职高专职业院校的教师和餐饮知名人士共同参与编写完成。编写人员都是具有丰富教学经验和实际操作经验的一线优秀教师和工作人员，教材在编写过程中尽可能地融入了近年来已有的教学科研成果，以及实践中总结出来的新知识、新技能，以便使学生所学知识与时代的发展紧密结合。

本书由内蒙古师范大学彭文明担任主编，内蒙古商贸职业学院陈浩担任副主编。参加编写的人员有：内蒙古财经大学王政（项目1）、内蒙古商贸职业学院陈浩（项目2）；内蒙古商贸职业学院赵瑞斌（项目3任务1至任务3）、内蒙古师范大学陈海波（项目3任务4）、内蒙古师范大学刘芳（项目3任务5）、内蒙古师范大学白志富（项目3任务6）、内蒙古浩翔餐饮有限公司宝全喜（项目3任务7，并提供部分雕刻图片）、内蒙古师范大学彭文明（项目4）。

由于时间仓促和水平有限，书中难免存在疏漏和错误之处，敬请广大专家、学者和教师批评指正，以便进一步完善。

编　者
2020年3月

目 录

冷菜概述

【知识目标】

1. 掌握冷菜的概念。
2. 了解冷菜的形成与发展。
3. 掌握冷菜的特点。
4. 了解我国冷菜制作的现状。

【能力目标】

通过本项目的学习，明白自己学习冷拼工艺与雕刻的目的、任务和特点；树立合理制作冷菜和雕刻的理念，达到学以致用的效果。

任务1 冷菜的概念

冷菜，在不同的地区有不同的叫法，南方多称冷碟、冷盘、冷拼等，北方多称冷菜、凉盘、冷荤等。但不管怎么称呼，它们都有一个共同的特点，就是菜品原料加工后在常温中保存。一般情况下，冷菜的食用温度在10 ℃左右，而热菜的食用温度在80 ℃左右。

冷菜是指将可食的烹饪原料经过常温烹调或高温烹调晾凉后，可直接装盘或经刀工处理后装盘，并加以艺术拼摆组合，以达到特有的美食效果的菜肴。

冷菜原料的加工方法多样，各地区的工艺流程和制作手法不一。有拼摆造型的冷菜千变万化，丰富多彩。近几年来，随着时代的发展和科学的进步，随着餐饮行业的激烈竞争和飞速发展，冷菜拼摆也由过去的平面造型发展到现在的立体造型。无论是原料的加工和味型的调制，还是原料的搭配和刀工处理，都更加注重营养全面和食品卫生安全，大大提高了冷菜的食用价值，使广大消费者吃得更放心、更安全、更科学、更健康。

在我国，冷菜经过了数千年的发展，已具有与热菜相区别的独特工艺特点与装盘艺术、审美要求，更有着独特而丰富的中国传统烹饪文化内涵。

任务2　冷菜的形成与发展

在我国漫长的历史中，饮食生活水平的高低可以反映一个社会的等级文化，菜品档次的高低也是经济实力和政治权力的重要表现。因此，我们可以通过上层社会的餐桌，了解和理清我国冷菜的形成与发展轨迹。

1）冷菜萌芽时期

《周礼》中便有天子饮食常规以冷菜为主的记载："凡王之稍事，设荐脯醢。"郑玄注："稍事，为非日中大举时而间食，谓之稍事……稍事，有小事而饮酒。"贾公彦疏："又脯者，是饮酒肴羞，非是食馔。"这说明早在西周时代，人们已清楚地认识到冷菜宜于宴饮的特点，并形成了一定的食用规矩。

《礼记·内则》篇详细记述了珍贵的养老菜肴，即淳熬、淳母、炮豚、捣珍等，这就是"周代八珍"。这些菜肴既反映了周代上层社会菜品的风貌，也反映了当时菜肴的制作水平。更重要的是，我们从中似乎可以了解一些冷菜的制作途径和轨迹。由此可见，中国冷菜萌芽于周代，并经历了冷菜和热菜兼有和兼承的漫长历史。根据史料记载，可以说先秦时代冷菜还没有从热菜系列中完全分离出来，尚未成为一种特定的冷食菜品的类型。

2）冷菜雏形形成时期

唐宋时代，冷菜的雏形已经形成，并在此基础上有了很大程度的发展。在这一时期，冷菜已渐渐从热菜的系列中分离出来并开始独立，逐渐成为酒宴上的特色美味佳肴。唐朝《烧尾筵》食单中，就有用多种动物肉类制作成"五生盘"的记载。到宋代陶谷的《清异录》则记述得更为详尽。特别是当时的梵正女厨师，采用烧肉、肉丝、肉酱、豆酱、腌鱼、瓜类、菜类等富有特色的冷菜原料制作了20多个独立成型的小冷盘，首创了有山水、庭园、花卉、馆舍等大型风景的冷菜图案。

3）冷菜技术成熟完善时期

明清时代，冷菜技术日益完善，制作冷菜的工艺和方法得以完全独立出来，如腌制法、风制法、拌制法、糟制法、醉制法、酱制法等。同时，这一时期用于制作冷菜的原料也有了很大程度的扩展，不仅有植物性原料、动物性原料，还有水产类等原料。这充分说明，在明清时期，我国的冷菜工艺技术已达到相当高的水准。

4）冷菜烹调方法多样，品种繁多的高水准时期

改革开放后，经济迅猛发展，人民生活水平不断提高，全国冷菜从原料到制作工艺、成型品种已有了很高超的技艺。每个菜品和每桌菜品的组合之美堪比国画。菜品组合色泽艳丽，造型新颖，风味独特，刺激食欲，食后给人留下美好而难忘的印象。冷菜在原料选择和制作方法上与热菜越来越趋于类似和统一。可以说，能用于热菜的原料就能制作冷菜，可以制作热菜的方法就能制作冷菜，可谓你中有我，我中有你。随着时代的发展，我们只有在不

断挖掘、继承、弘扬我国传统烹饪工艺技术的基础上，不断推陈出新，才能使冷菜成为我国烹饪艺坛中靓丽的花朵，且越来越鲜艳动人。

任务3 冷菜的特点

1）冷菜的卫生要求甚高

冷菜原料经加工、切配、拼摆、装盘后，可直接供客人食用，不需要二次加热。因此，冷菜比热菜更容易被污染，卫生要求更为严格。如加工生产环境、个人卫生、工具设备卫生等要有专人负责，天天杀菌、消毒、防尘，严格按照卫生要求操作。需特别强调的是，冷菜间要配备紫外线消毒灯。

2）冷菜具有多样性和统一性

冷菜一般是多样菜品同时上桌，就一个冷菜而言，有时也由多种原料组成。因此，与热菜相比，冷菜更具有多样性和统一性。一个冷菜或一组冷菜就是一个整体，相互搭配更为紧密。特别是对整桌宴席而言，每一个冷菜都要从原料选择、口味调和、口感对比、造型设计、色彩搭配、营养价值上进行互补，注意其食用性、观赏性、协调性和统一性。

3）冷菜易携带和食用

由于冷菜原料在一定时间范围内能较长时间保持其风味特点，加上汁少干爽，易于携带，为异地想品尝当地正宗特色风味的客人提供了极大的方便。因此，冷菜也成为馈赠异地亲朋好友的佳品。冷菜原料能够在常温下食用，无须再进行加热处理，这又为人们野外休闲或旅游途中提供了极大的方便。因此，冷菜也经常作为郊外野炊、旅游度假的佐酒佳肴。

4）冷菜易于造型

冷菜大多汁少而干香。因此，冷菜比热菜更有利于造型，更富有美化装饰效果，尤其能突出各种刀功的表现。当两种或两种以上原料组合成菜时，受其汤汁相浸的"串味"制约很小，更不会因色彩、质感、口味以及营养搭配方面的需求而无法使用，这为冷菜的拼摆与造型，特别是工艺冷菜的拼摆与造型提供了条件保障。

5）冷菜易于保存

因为冷菜是在常态温度下食用的品种，所以其风味特点不受自然温度的影响和制约，不容易快速挥发和分解，能承受较低温度的保藏。冷菜的这一特点，正好符合宴席饮食节奏缓慢的需要，同时，由于冷菜食材可以提前制作、提前拼摆、提前上桌，因此可以大量制作和生产。

6）冷菜的最佳食用温度

研究表明，不同的食品在不同的温度下其风味特点、质地感官是不同的。同一种食品，如果食用的温度不同，那么其口味特点、质地感官等都会有明显差异。当温度在10 ℃时，冷菜的原料最能全面体现其风味和特色。因此，冷菜的最佳食用温度是10 ℃左右。

冷拼工艺与雕刻

思考题

1. 简述冷菜的概念。
2. 简述冷菜的形成和发展。
3. 冷菜有哪些特点？

冷菜制作工艺

【知识目标】

1. 熟练掌握所有冷菜烹调方法的操作流程。
2. 了解不同食材制作冷菜的案例。
3. 掌握冷菜常用味汁和特殊味汁的调制工艺。
4. 掌握特色冷菜的制作流程。

【能力目标】

通过本项目的学习，懂得制作冷菜的原理和工艺流程及技术关键，能举一反三，触类旁通；能熟练调制各种冷菜味汁并运用得当；树立严谨的冷菜制作理念和量化标准，有一定的创新能力。

 ## 任务1 冷菜制作的常用烹调方法

冷菜是将可食用的原料经加工调制并艺术造型，使其在常温下能直接食用的菜品。为了达到这种特有的美食效果，冷菜在制作过程中，一般采用两种加工方法。

一是热制冷吃，就是将可食的烹饪原料经加热制熟，经二次调味后切配拼摆装盘成菜，如五香驴肉、红油鸡片、芝麻菠菜、葱椒鱼丝、山清水秀、草原迎春等。二是冷制冷吃，就是将一些不需要加热，能直接生吃的原料，经初步加工整理，切配调味，搅拌装盘成菜，如蒜泥黄瓜、雪花西红柿、香葱海带、生炝鱼片、美极虾仁、醉螃蟹等。总之，冷菜制作的关键是能熟练地掌握各种烹调方法的技术要领。要有熟练的刀工和装盘技艺，只有在这样的配合下，才能达到尽善尽美。

2.1.1 热制冷吃

1）卤、酱

这两种冷菜制作的烹调方法很相似，只是地区不同叫法各异。一般来说，南方叫卤，北方叫酱，即将初步加工好的原料放入事先调制好味的卤水或酱汤中，小火加热制熟的烹调方法。其关键之处是将原料刀工处理后，焯水洗净，并用小火长时间加热制熟。这两种烹调方法多用于动物性原料和少数植物性原料。卤或酱既可以增加原料的鲜美香味，又能使成熟后的菜肴色彩艳丽，是冷菜制作中常用的加工方法之一，如牛肉、驼肉、羊肉、动物内脏、豆腐以及根茎类等原料。具体加工工艺流程：选择原料→初步加工→焯水腌制→调卤水或酱汤→投放原料→旺火烧沸→小火制熟→捞出冷却→切配拼摆→装盘成型→点缀上桌。可见冷菜口味好坏与卤水或酱汤有关，因此，一定要掌握和学习好卤水或酱汤的调制方法。

卤水分为红卤水和白卤水。由于地域不同和饮食习惯的差异，加上饭店经营特色的不同，卤水没有统一标准。一般来说，红卤水要比白卤水味重色重。红卤水常用花椒、小茴香、丁香、桂皮、草果、肉蔻、香叶、红曲米、红酱油、冰糖、料酒、葱姜、盐等调味品和高汤调制。白卤水常用花椒、小茴香、丁香、桂皮、香叶、冰糖、料酒、葱姜、盐等调味品和高汤调制。酱汤也是采用这些调味品和高汤调制而成，但一般不分红、白酱汤，常以红色酱汤出现。因此，根据不同地区、不同原料、不同口味灵活使用好不同的卤水或酱汤是至关重要的。

（1）卤水的调制

①红卤水1。

A. 用料。干辣椒150克，花椒25克，丁香25克，大料30克，桂皮25克，甘草20克，小茴香20克，草果25克，豆蔻25克，肉蔻25克，罗汉果2个，南姜20克，紫草20克，葱段250克，姜片150克，色拉油200克，料酒500克，东古酱油500克，老抽20克，红曲米25克，冰糖800克，盐150克，高汤5 000克。

图2.1　红卤水1各式调料配比图

B. 制法。将干辣椒、花椒、丁香、大料、桂皮、甘草、小茴香、草果、豆蔻、肉蔻、罗汉果、南姜、紫草用纱布袋装好做成料包。锅内放入色拉油烧热，下入姜片、葱段炒香，然后放入料酒、东古酱油、冰糖、盐、老抽、红曲米、高汤和料包，旺火烧开，小火熬煮2小时，去掉葱姜和浮末倒出即成。

②红卤水2。

A. 用料。大料80克，甘草80克，桂皮80克，丁香30克，沙姜30克，陈皮20克，草果25克，罗汉果1个，姜片100克，葱段200克，色拉油200克，酱油2 500克，冰糖2 000克，料酒3 000克，盐100克，高汤5 000克。

B. 制法。将大料、甘草、桂皮、丁香、沙姜、陈皮、草果、罗汉果用纱布袋装好做成料包。锅内放入色拉油烧热，下入葱段、姜片炒香，加入料酒、酱油、冰糖、盐、高汤和料包，大火烧开，改用小火煮1.5小时，去掉浮末和葱姜即成。

图2.2 红卤水2各式调料配比图

③白卤水1。

A. 用料。丁香30克，大料30克，沙姜15克，桂皮30克，草果30克，花椒30克，盐250克，甘草30克，清水5 000克。

图2.3 白卤水1各式调料配比图

B. 制法。将丁香、大料、沙姜、桂皮、草果、花椒、甘草用纱布袋装好，再放入清水中熬1小时，最后加入盐即成。

④白卤水2。

A. 用料。花椒30克，沙姜25克，甘草50克，大料30克，小茴香60克，桂皮50克，盐200克，清水5 000克。

图2.4　白卤水2各式调料配比图

B. 制法。将花椒、沙姜、甘草、大料、小茴香、桂皮用纱布袋装好，放入清水中小火煮约1小时，倒出，加入盐搅拌均匀即成。

（2）卤水的保存

将用过的卤水用细纱布过滤杂质，再去掉上面的浮油进行保存。保存过程中，每天早、中、晚三次上火烧开，然后放在通风凉爽处晾凉，加盖保存。再次使用时按照比例加入调味品和高汤，用完后仍按上述方法清理卤水，同样放在通风凉爽处，可以保存多年。这就是行业中所说的老汤。

2）熏、冻

（1）熏

熏是将经过腌制加工的原料加热制熟后或直接置于有锅巴、茶叶、红糖等熏料的熏锅中，加盖密封，利用熏料炙烤散发出的烟香和热气熏制成熟的烹调方法。熏可分为生熏和熟熏两种。生熏是选用型小、细嫩、易熟的原料，经腌制入味后，放入熏锅内熏制的烹调方法，如熏鱼片、熏鸡片、熏豆皮等。熟熏是将加工好的原料用卤酱汤制熟后，再放入熏锅内熏制的烹调方法。熏制工艺的关键：选用含水分少的动物性和植物性原料；原料必须事先入味；必须掌握好火候，熏制时一般采用小火，千万不能使熏料燃烧着火，这就失去了熏制的意义；要掌握好熏制的时间，不能太长，使原料变色变苦。

图2.5　熏鸡

熏料：果木屑、白糖、花茶（南方常用大米、稻糠、花茶等），具体比例约为3：2：1。具体制作方法：将所有熏料放入熏锅中，再把原料放入笼架和笼屉中，密封，上火熏制2分钟，取出晾冷后在表面上刷一层芝麻油即可。

（2）冻

冻是将富含胶质蛋白的原料经蒸或煮制后，使其充分溶解在汤中，再加入调味品和配料，冷却凝固成菜的烹调方法。冻的关键：一是将原料加工洗净，二是用小火长时间加热。目前，餐饮行业制冻的原料通常有肉皮、琼脂、鱼胶等。加工方法常用蒸或煮，特别是煮一定要掌握好火候才能制成水晶冻。用猪肉皮制冻时，首先要去掉毛和杂质，其次用水焯煮后去掉脂肪，洗干净，再用刀切成条状或细丝，放入器皿中蒸或煮，使其胶质蛋白完全溶解在汤中，再加入调味品和各种配料，放在固定的器皿或模具中冷却凝固即可。猪肉皮和水的比例一般为1：4。制成后还可以加入其他熟原料，如鸡蛋、蔬菜、肉类等，制成如水晶皮冻、五彩水晶冻等。

图2.6　水果冻

图2.7　猪皮冻

3）蒸、烤

（1）蒸

蒸是将加工调味成型的原料放入器皿中，再放入蒸笼或蒸箱中，利用热蒸气加热使其成熟的烹调方法。蒸的关键：一是将原料加工好并入味成型；二是掌握好火候。根据不同原料采用的火候不同，可分为旺火满汽蒸和中火放汽蒸。

旺火满汽蒸也称足汽蒸，是将加工好入味成型的原料放入蒸笼中，利用充足的蒸气作用于原料使之成熟，如蒸鱼、虾、牛肉等。采用这种蒸法的缺点是原料容易变形和起孔。

图2.8　清蒸海鲈鱼

中火放汽蒸是保持水沸腾，微启笼盖，使笼中的温度保持在80 ℃左右，从而限制蒸笼中的气量、气压和温度。采用这种蒸法可防止原料因蒸笼中的气压和温度过高而影响原料成型，产生疏松成孔的结构而失水老化，影响成品口感。因此，中火放汽蒸适用于质地细嫩、柔软的蛋类原料，蒸制的时间一般较长，大约保持在30分钟以上，如蒸水蛋、蒸鱼糕等。

（2）烤

烤是将加工整理好的原料用调味品腌制成型后，放入烤箱或烤炉中，利用微波和热空气辐射加热使之成熟的烹调方法。烤制品具有外皮酥脆干香，色泽金黄，肉质鲜嫩可口，风味独特的特点。烤的关键：一是将原料加工入味成型；二是根据不同的原料掌握好温度和烤制时间。在实践中，根据设备工具和工艺手法的不同，可分为明炉烤和暗炉烤。

明炉烤是利用敞口式烤炉（能看到火）将原料烤制成熟的烹调方法。由于设备简单，火力不足，辐射热达不到烤制的温度，因此要将原料经常而又有节奏地翻动，使其受热均匀而成熟。明炉烤一般分为叉烤、串烤、炙烤3种。叉烤是用双股铁叉叉住腌制成型的原料，放在烤炉上反复烤制成熟的烹调方法。叉烤主要适用大块或整形的原料，如猪、牛、羊肉，整鸡、鹅、鱼等。串烤是用细长的铁签串上加工腌制好的小型易熟的原料，放入烤炉上烤熟的烹调方法，如猪、羊、牛肉片，鱼、虾、蟹及各种蔬菜片。炙烤是古老的传统烤法，与西餐铁扒很相似，就是将铁条或铁网放在烤炉上，再把腌制好的原料放在上面烤熟的烹调方法，如牛肉、猪肉、鱼、蔬菜等。

图2.9　烤羊肉

暗炉烤是将加工腌制成型的原料放在封闭的烤炉（看不到火）中烤熟的烹调方法。根据烤制形式的不同，可分为挂烤和盘烤。挂烤是将加工好的原料用铁钩挂在烤炉中，利用热力的返回作用使之成熟的烹调方法。炉温一般控制在240 ℃左右，避免炉温过高或过低，影响菜品的口感和质量，如鸡、鸭、鱼、羊等。盘烤是将加工腌制成型的原料放入烤盘内，直接烤制成熟的烹调方法。一般炉温控制在200 ℃左右，如畜类、禽类、鱼类等。

4）酥、挂霜

（1）酥

酥是将原料放入以白糖、醋为主的调味汤汁中，用中小火长时间加热制熟的烹调方法。成品肉烂骨酥、口味浓郁醇香。根据操作手法的不同，可分为硬酥和软酥。凡是将原料过油的称为硬酥，相反原料不过油的称为软酥。酥的关键：一是锅底要有垫层物，防止原料粘锅；二是掌握好原料和汤汁的比例，防止影响制成品的口感；三是将制成品完全凉透后才能出锅，主要是保证原料制成品的形状，同时也可以使成品更加入味，如酥海带、酥鱼、酥鸡、酥麻雀等。

图2.10　酥鳕鱼

（2）挂霜

挂霜是将制熟的小型原料放入熬好的糖浆中搅拌均匀，出锅冷却后，使糖浆重新结晶，粘裹在原料表面，形成一层白霜的烹调方法。挂霜的关键是要掌握好火候，火大容易使糖发生焦糖化反应从而变色。研究表明，温度在100 ℃时可溶解白糖487.2克，即饱和溶液。超过这个限度称为过饱和溶液，此时可生成大量的晶核，快速冷却即形成挂霜，如挂霜花生米、挂霜桃仁、挂霜酥白肉等。另外，将加工好的原料直接撒上白糖也称挂霜，如雪花西红柿、雪花心里美等。

图2.11　挂霜花生米

5）风、腊

（1）风

风是将原料用盐等调味品腌制后，挂在避阳通风处，经较长时间的风吹，使原料产生特殊的芳香味，食用时蒸或煮使其成熟的一种烹调方法。风的特点：一是不需要浸卤；二是不需要晒制；三是腌制时间较短。风制品的特点是肉质鲜香、味道醇厚且耐储存，如风鸡、风鱼、风干肠、风干肉。

图2.12　风干牛肉

（2）腊

腊是将原料用盐或硝等调味料腌制后，进行烟熏，再放在通风处吹干或不熏制，经反复多次的腌→晾→腌，去其水分后，再蒸或煮成菜的一种烹调方法。腊制品一般在农历立冬与立春之间进行大量制作，因此也称腊货，现泛指一切经过腌制再进行晾晒的制品。

图2.13　腊里脊

腊制法是一种特殊的腌制加工方法，其制作和技艺复杂，除腌制过程外，还需要经过浸泡、配料、烟熏、烘烤、晾干，而且讲究调料。腊制品具有食之干香、肉质坚实、色泽悦目、易于保存的特点，如腊鸭、腊肉、腊肠。

2.1.2　冷制冷吃

1）拌、炝

拌和炝是两种非常相似的工艺。不同点是：①烹制原料不同。拌多用小型新鲜的植物性原料，炝多用小型新鲜的动物性原料。②操作工艺不同。拌是将加工好的原料直接加入调味品搅拌成菜，炝是在拌的基础上炝入复合味油或加入浓烈调味品（如白酒、芥末、生姜、胡椒等）成菜的方法。因此，拌属于典型的冷制冷吃，是将加工好的植物性原料加入调味品后直接食用的菜品，一般不需要预热处理。故在餐饮行业中称为凉拌菜，如拌黄瓜、拌尖椒等，但有少数原料需要预热处理，如豆角、豆芽等。炝可分为生炝和熟炝。生炝是将加工好的小型新鲜的动植物原料，加入浓烈调味品（白酒、芥末、生姜、胡椒）直接成菜。但必须选用鲜活的原料，并加入浓烈的调味品以达到杀菌消毒和调味的功效，如生炝鱼片、炝虾等。这些菜品均有清爽适口、鲜香浓郁的特点，适合夏季食用，倍受人们喜爱。熟炝是将加工好的小型新鲜原料经预热成熟后，再加入调味品翻拌成菜。预热的方法是用油或水断生，以保证原料的脆嫩和滑嫩，再加入刺激性较强的调味品如辣椒、蒜泥、洋葱、花椒油等，效果更佳，如炝腰片、炝肚丝等。

图2.14　炝笋丝

2）腌、泡

（1）腌

腌是将加工好的原料放入调好味的汤汁中长时间浸渍入味成菜的烹调方法。在腌制中主要调味品是盐，适合于众多的动植物原料。植物性原料一般具有口感脆嫩的特点，动物性原料具有坚韧味浓的特点。在腌制中，一般可分为盐腌、醉腌和糟腌。盐腌是将盐放入加工好的原料中翻拌，或涂擦于原料表面的烹调方法，如酸菜、辣白菜、酸黄瓜等。醉腌是将加工好的原料放在以酒和盐为主的调味汤汁中浸泡、腌制成菜的烹调方法。醉腌按用酒的不同可分为红醉和白醉。顾名思义，红醉是用红酒和红色的调味品，白醉是用白酒和白色的调味品。醉腌适合于众多的动植物烹饪原料，如红酒梨丝、红醉瓜条、醉虾、醉蟹等。糟腌是将加工好的原料放入以香糟和盐为主的调味品汤汁中浸泡成菜的烹调方法，如糟香鸡蛋、红糟毛豆、腌黄瓜、糟香凤爪等。

图2.15　腌黄瓜

（2）泡

泡是将加工好的原料放入盐溶液中浸泡，利用乳酸菌发酵成菜的烹调方法。泡就是浸泡，因此制成品也称泡菜。制作泡菜时必须用特制的器皿——泡菜坛，其开口处可用碗盖上，再用水密封，这样既能不接触空气，又可保温加速酵母菌的发酵，提高成菜效果。泡菜各地区均有，只是制法不同，主要利用当地生长的新鲜、脆嫩的果蔬类原料，成菜后色泽艳丽、口味甜酸微辣，质感脆嫩，如川香泡菜、泡三丁、湘式泡菜、朝鲜泡菜、西式泡菜等。

图2.16　泡三丁

任务2　冷菜制作实例

2.2.1　果蔬类

1）炝拌莴笋丝

（1）烹调方法

生炝。

（2）菜肴定名

主料前加烹调方法作为菜肴的名称。

（3）用料

莴笋400克，芝麻10克，红椒丝5克，盐、料油、味精、白醋、白糖、麻油、芝麻适量。

（4）工艺流程

①将主料切丝滑水投凉待用。

②将盐和其他调味品放入拌制均匀，撒上芝麻即可装盘。

（5）口味特点

口味咸鲜，口感爽脆。

（6）注意事项

火候、卫生。

（7）类似品种

炝拌豆芽、银耳炝芹菜。

图2.17　炝拌莴笋丝

2）怪味花生

（1）烹调方法

挂霜。

（2）菜肴定名

主料前加味型作为菜肴的名称。

（3）用料

去皮花生250克，奶粉100克，食用油、盐、辣椒粉、花椒粉、白糖、麻油等。

（4）工艺流程

①将主料炸制成熟待用。

②炒白糖翻沙后放入主料，撒入奶粉、辣椒粉、花椒粉、麻油、盐拌匀即可装盘。

（5）口味特点

煳辣鲜香回甜，口感香脆。

（6）注意事项

火候、卫生。

（7）类似品种

奶香花生、五香花生。

图2.18　怪味花生

2.2.2 豆类及豆制品类

1）卤水豆腐

（1）烹调方法

卤。

（2）菜肴定名

主料前加烹调方法作为菜肴的名称。

（3）用料

豆腐400克，盐、八角、桂皮、甘草、草果、丁香、沙姜粉、陈皮、罗汉果、花生油、姜片、葱段、生抽、料酒、冰糖、高汤等。

（4）工艺流程

①将主料切成长方形厚片炸至金黄色待用。

②兑制卤水待用。

③将主料放入兑制好的卤水中卤半小时后捞出，改刀装盘，带上味碟汁即可上桌。

（5）口味特点

鲜香浓郁，味型多咸中带甜。

（6）注意事项

火候、刀工、卤制时间。

（7）类似品种

卤水牛肉、卤水猪蹄。

图2.19　卤水豆腐

2）蒜香豆角

（1）烹调方法

拌。

（2）菜肴定名

主料前加味型作为菜肴的名称。

（3）用料

豆角300克，红椒片、盐、味精、蒜末、麻油等。

（4）工艺流程

①将主料初加工焯水投凉待用。

②配料改刀成片焯水待用。

③将调味品与主料拌匀即可装盘。

（5）口味特点

蒜香浓郁，口感爽脆。

（6）注意事项

火候、卫生。

（7）类似品种

麻酱豆角、凉拌豆角丝。

图2.20　蒜香豆角

2.2.3　禽类及其蛋类

1）芥末鸭掌

（1）烹调方法

拌。

（2）菜肴定名

主料前加味型作为菜肴的名称。

（3）用料

水发鸭掌500克，朝天椒、盐、芥末、味精、白醋、麻油、料酒、葱段、姜片、高汤等。

（4）工艺流程

①将主料煮透，去软骨，清洗干净待用。

②将主料再次放入锅内，加高汤、葱、姜、料酒煮至六成熟捞出待用。

③兑制芥末汁，倒入主料，加入朝天椒、味精、白醋、麻油、盐拌匀摆入盘中即可。

（5）口味特点

芥末味浓，口感韧中带脆、色泽洁白。

（6）注意事项

火候、卫生等。

（7）类似品种

口水鸡、白斩鸡等。

图2.21　芥末鸭掌

2）卤水鹌鹑蛋

（1）烹调方法

卤。

（2）菜肴定名

主料前加烹调方法作为菜肴的名称。

（3）用料

鹌鹑蛋400克，盐、八角、桂皮、甘草、草果、丁香、沙姜粉、陈皮、罗汉果、花生油、姜片、葱段、生抽、料酒、冰糖、高汤等。

（4）工艺流程

①将主料煮熟去皮待用。

②兑制卤水待用。

③将主料放入兑制好的卤水中卤半小时后捞出，装盘，带上味碟汁即可上桌。

（5）口味特点

鲜香浓郁，味型多咸中带甜。

（6）注意事项

火候、卤制时间。

（7）类似品种

卤水鸡蛋、卤水金钱肚等。

图2.22　卤水鹌鹑蛋

2.2.4 家畜类

1）麻香肉条

（1）烹调方法

㸆。

（2）菜肴定名

主料前加味型作为菜肴的名称。

（3）用料

猪里脊500克，熟芝麻、色拉油、盐、味精、麻油、料酒、葱段、姜片、高汤、白糖、番茄沙司、胡椒粉、料油等。

（4）工艺流程

①将主料改刀成条（长6厘米，宽0.8厘米）待用。

②炒锅上火加宽油烧至150 ℃，放入主料，炸至八成熟捞出待用。

③炒锅上火炝锅、加高汤、烧开、定口，放入主料，㸆至只剩油汁，捡出葱、姜，撒入熟芝麻拌匀装盘即可。

（5）口味特点

口味咸鲜回甜，油香质嫩。

（6）注意事项

火候、盐的用量、汁芡。

（7）类似品种

五香牛肉干、麻辣肉条等。

图2.23 麻香肉条

2）陈皮牛肉

（1）烹调方法

㸆。

（2）菜肴定名

主料前加配料作为菜肴的名称。

（3）用料

牛精肉500克，色拉油、盐、味精、麻油、料酒、葱段、姜片、高汤、白糖、干辣椒、花椒、陈皮、酱油等。

（4）工艺流程

①将主料改刀成片（长5厘米，宽3厘米，厚0.5厘米）待用。

②炒锅上火加宽油烧至150 ℃，放入主料，炸至八成熟捞出待用。

③炒锅上火炝锅、加高汤、烧开、定口，放入主料熘至只剩油汁，捡出牛肉装盘即可。

（5）口味特点

口味咸鲜微辣，陈皮味浓。

（6）注意事项

火候、盐的用量、汁芡。

（7）类似品种

麻辣牛板筋、麻辣牛肉等。

图2.24　陈皮牛肉

3）蜜汁烧花叉

（1）烹调方法

烧烤。

（2）菜肴定名

主料前加烹调方法和口味作为菜肴的名称。

（3）用料

去皮五花肉2 000克，叉烧盐200克，蒜末20克，姜末20克，干红葱末20克，鸡蛋清半个，柠檬汁、叉烧皮水适量。

（4）工艺流程

①去皮五花肉改刀成条状（厚3厘米，长35厘米），清洗干净并沥干水分。

②把叉烧盐拌匀。

③把五花肉放在腌料里，腌制4小时，每隔30分钟翻动一次。

④用叉烧环把叉烧串好，在230 ℃左右的炉温下烧20分钟后取出。

⑤把叉烧皮水均匀地淋在叉烧上，回炉10分钟后取出，剪去烧焦部分，再一次淋上叉烧皮水即可。

（5）口味特点

色泽红润，口感甜香。

（6）注意事项

腌制的时间和烤制的时间。

（7）类似品种

蜜汁烧猪排等。

图2.25　蜜汁烧花叉

2.2.5　水产类

1）椒盐银鳕鱼

（1）烹调方法

炸。

（2）菜肴定名

主料前加味型作为菜肴的名称。

（3）用料

银鳕鱼500克，色拉油、面粉、干淀粉、鸡蛋、椒盐、料酒、葱段、姜片、白糖、海鲜汁、胡椒粉、盐。

（4）工艺流程

①将主料去头尾，洗干净加盐、料酒、葱段、姜片、白糖、海鲜汁、胡椒粉腌制15分钟待用。

②主料拍面粉拖蛋液，再拍干淀粉，入六成热的油中炸制成熟，撒椒盐装盘即可。

（5）口味特点

口味咸鲜，肉质外酥里嫩。

（6）注意事项

火候、拍粉的均匀程度。

（7）类似品种

茄汁鲅鱼、五香鱼块等。

图2.26　椒盐银鳕鱼

2）茄汁小龙虾

（1）烹调方法

油焖。

（2）菜肴定名

主料前加味型作为菜肴的名称。

（3）用料

小龙虾10只，色拉油、盐、料酒、葱段、姜片、白糖、番茄沙司、生抽、胡椒粉、高汤等。

（4）工艺流程

①将主料去须和沙线，洗净待用。

②炒锅上火加宽油烧至八成热，倒入主料炸至金红色捞出待用。

③炒锅上火加底油，放入番茄沙司炒出红油、炝锅、加高汤、烧开、定口，放入主料加盖焖3分钟，大火收汁淋明油，出锅装盘晾凉即可。

（5）口味特点

口味咸鲜酸甜，色泽红润，肉质细嫩。

（6）注意事项

火候、油温。

（7）类似品种

盐水虾、醉虾等。

图2.27　茄汁小龙虾

2.2.6　海味类

1）麻酱海参

（1）烹调方法

拌。

（2）菜肴定名

主料前加味型作为菜肴的名称。

（3）用料

水发海参300克，笋片、香菇、盐、酱油、芝麻酱、白糖、生抽、胡椒粉、味精、麻油、葱花、鸡汤等。

（4）工艺流程

①将主料切成长方形片（长约4厘米，宽约2.5厘米，厚约0.3厘米）。

②配料切片与主料一起滑水待用。

③将主配料放入鸡汤中略煮5分钟，捞起沥干水分。

④将芝麻酱加鸡汤调成糊状，加入其他调味品搅匀，和主配料拌匀即可。

（5）口味特点

口味咸香，质感滑嫩。

（6）注意事项

火候、汁的调和。

（7）类似品种

蒜泥海参、麻辣鱿鱼丝等。

图2.28　麻酱海参

2）五彩素鱼翅

（1）烹调方法

拌。

（2）菜肴定名

主料前加颜色作为菜肴的名称。

（3）用料

水发素鱼翅300克，笋丝、香菇丝、绿豆芽、火腿丝、盐、胡椒粉、味精、葱油等。

（4）工艺流程

①将主料焯水待用。

②将配料焯水捞出，沥干水分，放入盛器中，加入主料及调味品拌匀即可。

（5）口味特点

口味咸鲜，口感软糯，色彩艳丽。

（6）注意事项

火候、汁的调和。

（7）类似品种

椒盐小黄鱼、卤水墨鱼仔等。

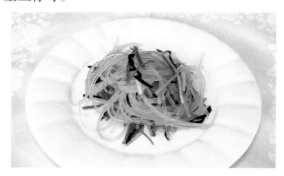

图2.29　五彩素鱼翅

2.2.7　野味类

1）陈皮野兔

（1）烹调方法

煨。

（2）菜肴定名

主料前加味型作为菜肴的名称。

（3）用料

野兔肉500克，色拉油、盐、味精、麻油、料酒、葱段、姜片、高汤、白糖、干辣椒、花椒、陈皮、酱油等。

（4）工艺流程

①将主料改刀成块，腌制30分钟待用。

②炒锅上火，加宽油烧至150 ℃，放入主料，炸至八成熟捞出待用。

③炒锅上火炝锅、加高汤、烧开、定口，放入主料煨至只剩油汁，捡出兔肉装盘即可。

（5）口味特点

口味咸鲜微辣，陈皮味浓。

（6）注意事项

火候、盐的用量、汁芡。

（7）类似品种

家常手撕兔、干炸铁雀等。

图2.30　陈皮野兔

2）果味鹌鹑

（1）烹调方法

爆。

（2）菜肴定名

主料前加味型作为菜肴的名称。

（3）用料

鹌鹑肉500克，色拉油、玫瑰酒、盐、味精、葱段、姜片、高汤、白糖、番茄汁、苹果酱、洋葱等。

（4）工艺流程

①将主料改刀成块，腌制50分钟待用。

②炒锅上火，加宽油烧至150 ℃，放入主料，炸至八成熟捞出待用。

③炒锅上火炝锅、加高汤、烧开、定口，放入主料爆至只剩油汁，捡出鹌鹑肉装盘即可。

（5）口味特点

果味咸鲜，肉质细嫩。

（6）注意事项

火候、盐的用量、汁芡。

（7）类似品种

陈皮山鸡、麻辣田鸡等。

图2.31　果味鹌鹑

2.2.8 甜品类

1）菠萝冻

（1）烹调方法

冻。

（2）菜肴定名

主料加烹调方法作为菜肴的名称。

（3）用料

菠萝、吉力片、樱桃丁、白糖、纯净水等。

（4）工艺流程

①将主料切成米粒大小，取汁过滤，加纯净水、白糖、吉力片加热熔化成菠萝汁待用。

②将菠萝丁、樱桃丁放入菠萝汁中，拌匀后倒入玻璃杯中，晾凉后放入冰箱镇凉即可。

（5）口味特点

口味甜香，口感滑嫩。

（6）注意事项

汁的温度、汁的浓度。

（7）类似品种

五彩水果冻、沙棘汁木瓜等。

图2.32　菠萝冻

2）蜜汁山药

（1）烹调方法

蜜汁。

（2）菜肴定名

主料前加烹调方法作为菜肴的名称。

（3）用料

长山药、糖桂花、蜂蜜、白糖、干淀粉、色拉油等。

（4）工艺流程

①将主料洗净去皮切成滚刀块，拍干淀粉待用。

②将主料炸熟捞出。

③锅内加少许色拉油，加入白糖炒至枣红色，加入开水，倒入山药段，用小火煨至收

汁，加入蜂蜜、糖桂花拌匀即可装盘。

（5）口味特点

口味甜香，口感沙软。

（6）注意事项

炒糖汁的火候、油温。

（7）类似品种

蓝莓山药、蜜汁奶豆腐等。

图2.33 蜜汁山药

 任务3 冷菜味汁调配工艺

冷菜口味的调配主要是指冷菜调味汁液的制作，也包括一类不需加热的冷菜原料，直接蘸汁食用的菜品，如大葱蘸酱、大丰收、群英聚会等。因此，冷菜味汁的调配也是冷菜制作的关键环节，包括常用味汁和特殊味料两大类。

2.3.1 常用味汁

1）麻辣汁

（1）用料

辣椒粉10克，花椒粉5克，盐10克，酱油15克，白糖10克，豆豉末10克，色拉油15克，麻油3克，鸡粉2克，熟芝麻10克，高汤25克。

（2）制法

锅内放入色拉油烧热，下入辣椒粉、花椒粉、豆豉末炒香，再加入高汤、盐、酱油、白糖、鸡粉搅拌均匀，烧开倒出，晾冷后加入麻油和熟芝麻即成。

（3）要求

油温不宜太高，否则会将辣椒粉、花椒粉炸煳，晾冷后再加入熟芝麻和麻油。

图2.34　麻辣汁

2）麻酱汁

（1）用料

芝麻酱30克，盐3克，白糖15克，酱油3克，葱油5克，胡椒粉2克，麻油8克，清汤25克。

（2）制法

将全部调味品放入盆内，搅拌均匀即成。

（3）要求

顺着一个方向搅拌，以保持浓度。也可加入海鲜酱、花生酱、南腐乳酱等，味道更好。

图2.35　麻酱汁

3）酸辣汁

（1）用料

香醋20克，胡椒粉15克，生姜汁10克，盐15克，麻油10克，辣椒酱5克，柠檬汁3克，红油10克。

（2）制法

将全部调味品放入盆内，搅拌均匀即成。

（3）要求

如色泽过重，可使用白醋或大红浙醋。

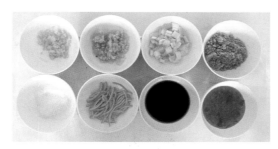

图2.36　酸辣汁

4）怪味汁

（1）用料

胡椒粉3克，白糖10克，鸡精3克，盐6克，酱油25克，红油15克，香醋10克，麻油5克，芝麻酱20克，蒜泥6克，葱末6克，姜末5克，清汤35克。

（2）制法

锅放入红油，烧热后下入葱末、姜末、蒜泥炒出香味，再加入酱油、香醋、芝麻酱、盐、白糖、鸡精、胡椒粉和清汤，烧开，搅拌均匀倒出，晾冷后加入麻油即成。

（3）要求

红油温度不能过高，否则会变色。

图2.37　怪味汁

5）糖醋汁

（1）用料

香醋100克，白糖150克，盐2克，酱油3克，葱末6克，姜末6克，蒜泥6克，色拉油15克。

（2）制法

将色拉油放入锅内烧热，下入葱末、姜末、蒜泥炒香后，加入香醋、白糖、酱油、盐，烧开即成。

（3）要求

加热时间要短，否则酸味遇热会挥发，影响口味。

图2.38　糖醋汁

6）香辣沙律汁

（1）用料

三花淡奶12克，盐4克，鸡精3克，白糖5克，卡夫其妙酱12克，吉士粉4克，孜然粉2克，鲜香粉0.5克，辣酱油6克，香辣粉2克，葱姜汁30克，麻油2克，色拉油12克，清汤50克。

（2）制法

锅内放入色拉油烧热，下入孜然粉、香辣粉炒香后，再加入其他调味品，烧开搅拌均匀即成。

（3）要求

色拉油温度不宜过高，否则会将孜然粉、香辣粉炝煳。

图2.39　香辣沙律汁

7）辣酱汁

（1）用料

红泡椒末10克，辣椒酱20克，番茄酱8克，白糖10克，辣椒油4克，花生酱5克，葱花6克，蒜末5克，鸡精2克，麻油3克，OK汁6克，色拉油6克，高汤20克。

（2）制法

锅内放入色拉油烧热，下入葱花、蒜末炒香后，加入高汤和其他调味品，搅拌均匀烧开即成。

（3）要求

油温不宜太高，加热时间要短，烧开即成。

图2.40　辣酱汁

8）红香糟汁

（1）用料

大红浙醋130克，玫瑰露酒2克，红米糟260克，冰糖100克，绍酒50克，鸡精2克，橙肉粒50克，香槟酒50克，盐4克，清水200克。

（2）制法

锅内放入清水烧开，放入冰糖、红米糟小火煮20分钟，去掉杂质，然后加入其他调味品，烧开搅拌均匀即成。

（3）要求

煮制时间不宜太长。适用于猪肚、凤爪、虾仁、毛豆等。

图2.41　红香糟汁

9）豆豉酱汁

（1）用料

海鲜酱3克，豆豉粒15克，洋葱粒3克，姜末3克，蒜末5克，葱花5克，红绿椒粒各2克，美极鲜2克，蚝油3克，陈皮末1克，香菜子粉0.2克，盐1克，鱼露0.5克，料酒1克，色拉油10克，高汤30克。

（2）制法

色拉油放入锅内烧热，下入豆豉粒煸松起香，再下入陈皮末、红绿椒粒、姜末、洋葱粒、葱花、蒜末煸炒出香味后，再加入其他调味品，搅拌均匀即成。

（3）要求

色拉油温度不宜太高，防止炒煳，影响制成品口味。

图2.42　豆豉酱汁

10）葱椒梅汁

（1）用料

葱白末20克，葱叶末10克，嫩仔姜末10克，台湾梅子10只，白胡椒粉5克，鲜辣粉3克，鸡精2克，盐5克，高汤750克。

（2）制法

锅内加入高汤烧开，下入台湾梅子，小火慢煮30分钟，再加入其他调味品搅拌均匀即成。

（3）要求

煮梅子时一定用小火慢煮，煮制时间越长味道越浓。

图2.43　葱椒梅汁

11）五酱奇香汁

（1）用料

酸梅酱50克，蘑豉酱80克，南乳汁120克，叉烧酱120克，柱候酱120克，玫瑰露酒40克，葱姜汁30克，美美椒20克，美美蒜10克，麻油10克，鸡精3克，白糖100克，酒酿汁40克，色拉油15克，高汤400克。

（2）制法

锅内放入色拉油烧热，下入柱候酱、蘑豉酱煸炒出香味后，加入其他调味品搅拌均匀即成。

（3）要求

油温不宜过高，防止把酱炒煳。

图2.44　五酱奇香汁

12）酸辣汁

（1）用料

辣椒粉2克，绿芥末酱10克，竹叶青酒30克，番茄沙司100克，吉士粉2克，东古酱油20克，鸡精2克，盐2克，白糖10克，葱姜汁15克，高汤50克，色拉油20克。

（2）制法

锅内放入色拉油烧热，再下入辣椒粉、番茄沙司、葱姜汁炒香，炒出红油，再加入吉士粉、东古酱油、盐、鸡精、白糖、高汤，用小火熬制10分钟倒出，晾凉后加入绿芥末酱、竹叶青酒，搅拌均匀即成。

（3）要求

掌握好火候，一定要用小火熬制。

图2.45　酸辣汁

13）海鲜豉油汁

（1）用料

鱼骨500克，香菜120克，东古酱油500克，鲜味王50克，文蛤精50克，白糖50克，白胡椒10克，老抽王3克，清水1 500克，盐2克。

（2）制法

锅内放入清水和鱼骨，烧开后去掉浮末，加入香菜小火煮30分钟，过滤后得汤1 200克，再加入其他调味品搅拌均匀即成。

（3）要求

小火熬制鱼骨汤。

图2.46　海鲜豉油汁

14）红油汁

（1）用料

红油15克，老抽2克，生抽8克，白糖5克，盐5克，香醋5克，蒜泥5克，麻油2克，鸡精2克，高汤5克。

（2）制法

将所有调味品放入盆内，搅拌均匀即成。

（3）要求

根据不同人群的口味灵活调制，注意色泽。

图2.47　红油汁

15）香酱汁

（1）用料

花生酱15克，虾子酱油30克，芝麻酱15克，番茄沙司20克，白糖10克，东古酱油5克，味美思红酒15克，白胡椒粉2克，鸡精2克，麻油3克，高汤20克。

（2）制法

锅内放入高汤烧热，加入芝麻酱、花生酱搅拌均匀，再加入其他调味品，搅拌均匀即成。

（3）要求

掌握好火候，一定要用小火，加热时间宜短。

图2.48　香酱汁

16）姜汁

（1）用料

生姜汁20克，香醋5克，东古酱油5克，盐5克，麻油3克，白糖3克，高汤10克。

（2）制法

将所有调味品放入盆内搅拌均匀即成。

（3）要求

根据不同口味可灵活掌握比例。

图2.49　姜汁

17）鱼香汁

（1）用料

泡红椒末15克，香醋5克，白糖10克，东古酱油10克，盐4克，姜末3克，蒜泥5克，葱末5克，色拉油5克，高汤20克。

（2）制法

锅内放入色拉油烧热，下入泡红椒末炒香，加入葱末、姜末和蒜泥炒香，再加入其他调味品和高汤，搅拌均匀即成。

（3）要求

一定用小火，防止泡红椒末炒煳。

图2.50　鱼香汁

18）蒜泥汁

（1）用料

蒜泥20克，东古酱油10克，白糖3克，香醋3克，鸡精2克，红油3克，葱末3克，盐2克，高汤15克，色拉油5克。

（2）制法

锅内放入色拉油烧热，下入葱末、蒜泥炒香，再加入其他调味品和高汤，搅拌均匀即成。

（3）要求

油温要低，防止葱末和蒜泥炒煳。

图2.51　蒜泥汁

19）芥末汁

（1）用料

东古酱油10克，白糖5克，芥末酱5克，盐3克，鸡精2克，麻油3克，高汤5克。

（2）制法

将全部调味品和高汤放入盆内，搅拌均匀即成。

（3）要求

此汁为蘸汁食用，现兑现上，防止芥末酱挥发，味道不浓。

图2.52　芥末汁

20）椒麻汁

（1）用料

花椒粉5克，东古酱油5克，白糖2克，香醋3克，盐3克，高汤10克，鸡精1克，葱花3克，色拉油5克。

（2）制法

锅内放入色拉油烧热，下入葱花和花椒粉炒出香味，再加入其他调味品和高汤，搅拌均匀即成。

（3）要求

火候要小，油温要低，防止把花椒粉和葱花炒煳。

图2.53　椒麻汁

2.3.2　特殊味料

1）椒盐

将花椒粒放入锅内小火炒香，碾成粉末再拌入盐即成。花椒粉与盐的比例为1∶3，也可加入1份味精，味道更好。主要用于拌食和蘸食。

图2.54　椒盐

2）三合油

将东古酱油10克，香醋10克，麻油3克搅拌均匀即成。主要用于拌食或蘸汁食用。

图2.55　三合油

3）红油

将辣椒粉或辣椒糊（用油或水调好的辣椒粉）放入烧热至60 ℃的色拉油中炸制即成。为了色泽更重，可以加入豆瓣酱炒香。主要用于冷菜拌食，同时也可让制成品色泽美观。

图2.56　红油

4）葱油

将大葱切段放入60 ℃的热油中小火炸香即成。主要用于冷菜拌食。

图2.57　葱油

5）花椒油

将花椒粒放入油中炸香后再加入大葱末，炸至金黄色捞出即成。也可将花椒粒碾碎后和入油中。主要用于冷菜拌食。

图2.58　花椒油

6）五香盐

将大茴香5克，小茴香5克，桂皮3克，丁香3克，花椒3克放入锅中炒香至干，碾成粉加入盐3克即成。主要用于冷菜加工前腌制或拌食。

图2.59　五香盐

7）五香油

将丁香5克，肉桂5克，小茴香10克，草果4克，白蔻4克放入盆内用热水泡至回软后，放入150克色拉油中炸香，再加入葱段5克，姜片5克炸至金黄色捞出，晾凉后放入1克曲酒即成。主要用于冷菜拌食。

图2.60　五香油

8）姜汁醋

将香醋50克，生姜汁10克，白糖6克放入盆内搅拌均匀即成。主要用于蘸汁食用。

图2.61　姜汁醋

9）椒麻香油

将色拉油500克放入锅中烧热，红辣椒150克，肉桂叶20克用水浸泡半小时至回软后，放入热油中炸香倒出，过滤杂质，再加入黄酒30克，生姜片50克，盐3克即成。主要用于冷菜拌食。

图2.62　椒麻香油

10）四合粉料

将干辣椒粉4克，孜然粉1克，胡椒粉2克，甘草粉1克，盐3克放入锅内炒香后，倒出晾凉后加入鸡精1克即成。主要用于蘸食。

图2.63　四合粉料

2.3.3 广式卤水、烧腊的配方工艺

1）广式香辣卤水的调制工艺

（1）用料

干辣椒550克，花椒160克，八角58克，排草48克，黑胡椒、肉桂各39克，沙姜33克，灵香草、孜然各25克，母丁香、小茴香各20克，草果、白蔻各18克，玉果、砂仁各112克，甘草、木香、红蔻、草蔻、干松各6克，冰糖50克，大葱1 600克，姜260克，大蒜2 260克，鸡精450克，盐1 100克，生抽500克。

（2）制作步骤

①准备两个汤包袋。

②把姜拍扁，葱切段，大蒜炸至金黄，装入汤包袋中。在另一个汤包袋装入所有药材。

③把老卤汤加入清水中，并放入药材包。

④把装有姜、大葱、大蒜的汤包袋也放入卤水中。

⑤卤水烧开后放入剪好的干辣椒，小火煮30分钟。

⑥把炒好的焦糖加进卤水里。

⑦倒入调味料，搅拌均匀即成。

（3）焦糖的制作过程

①把油烧热，倒入冰糖。

②用锅铲不停翻炒，使冰糖溶化。

③见其起泡，继续翻炒，直至冒大烟。

④慢慢注入清水即成。

图2.64　广式香辣卤水

2）潮州卤水

（1）用料

南姜240克，甘草20克，八角16克，桂皮、沙姜、草果、陈皮、花椒、小茴香各11克，

公丁香、香茅、香叶各6克，罗汉果1个，大葱段1 600克，姜260克，炸大蒜240克，盐220克，味精、绍酒、鸡精各160克，鱼露、玫瑰露酒各25克，生抽260克。

（2）制作步骤

①把药材和准备好的姜、大葱、大蒜分别装到汤包袋里。

②把老卤加入清水中，放入药材包，将装有姜、大葱、大蒜的汤包袋也一起放入。

③将卤水大火烧开后小火煮60分钟，放入调味料即成。

图2.65　潮州卤水

3）豉油皇卤水

（1）用料

八角15克，桂皮15克，草果10克，丁香5克，沙姜15克，甘草5克，陈皮5克，罗汉果1个，鸡汤500克，生抽6 500克，老抽60克，冰糖400克，姜250克，葱200克，鸡油300克，绍酒500克，大地鱼3条。

（2）制作步骤

①把姜、葱用鸡油爆香，放入生抽稍煮，再加入鸡汤。

②将鸡汤煮开后，放入药材包及大地鱼，小火煮半小时。

③放入冰糖，再放入绍酒与老抽调色即可。

图2.66　豉油皇卤水

注意：不加任何调料，用慢火将1只老母鸡（砍成块）、8 000克水熬成4 000克鸡汤。大地鱼最好焙香再用。

4）贵妃鸡水

（1）用料

清水8 500克，盐260克，味精30克，沙姜15克，桂皮5克，香叶3克，草果3克，陈皮2克，瑶柱150克，虾米60克。

（2）制作方法

将所有材料混在一起烧开即可。

图2.67　贵妃鸡水

5）咸鸡水

（1）用料

清水8 500克，盐420克，味精110克，沙姜粉15克，冰糖15克，鸡粉60克，胡椒粉7克，麦芽粉7克，姜30克，盐焗鸡香料60克。

（2）制作方法

将所有材料拌在一起，大火烧开，小火煮12分钟即可。

图2.68　咸鸡水

6）白切鸡水

（1）用料

清水1 500克，姜110克，盐110克，味精220克，桂皮12克，香叶7克，草果5克，陈皮2克。

（2）制作方法

将所有材料拌匀烧开即可。

图2.69　白切鸡水

7）烧鸡白卤水

（1）用料

清水2 800克，沙姜60克，八角38克，桂皮35克，甘草35克，花椒40克，新鲜香茅草30克，炸大蒜25克，葱150克，姜12克，大地鱼2条，盐220克，鱼露15克，味精120克，鸡精230克，冰糖15克。

（2）制作方法

把原材料放在不锈钢桶中大火烧开，小火煮50分钟左右，放入调料至冰糖完全溶化即可。

图2.70　烧鸡白卤水

8）腌料、皮水、酱汁的制作

（1）叉烧盐

①用料。盐75克，白糖60克，沙姜粉6克，肉桂粉6克，黑胡椒2克，胡椒粉3克，味精25克，鸡粉6克，炒芝麻3克，炒花生（磨粉）3克，五香粉2克，八角粉5克，肉宝王1克。

②制作方法。将所有材料拌匀即可。

图2.71　叉烧盐

（2）烧鸭盐

①用料。白糖60克，盐50克，味精15克，五香粉1克，沙姜粉1克，甘草粉0.5克，八角粉1克，炒芝麻少许。

②将所有材料拌匀即可。

图2.72　烧鸭盐

（3）烧鸡皮水

①用料。清水500克，白醋150克，白酒15克，麦芽糖150克。

②制作方法。将所有材料拌匀，至麦芽糖溶解即可。

（4）叉烧皮水

①用料。麦芽糖300克，冰糖450克，清水450克。

②制作方法。清水烧开，放入冰糖和麦芽糖，直至溶化即可。

（5）烧鸭皮水

①用料。清水250克，醋精150克，大红浙醋50克，九江双蒸60克，麦芽糖60克，柠檬半个。

②制作方法。将醋精和大红浙醋加入麦芽糖，隔水加热至麦芽糖溶解，冷却后加入清水、九江双蒸和柠檬汁即可。

（6）姜葱汁

①用料。姜末60克，葱白末60克，盐3克，味精10克，鸡粉8克，胡椒粉1克，芝麻油25克。

②制作方法。将烧滚的芝麻油淋入以上配料中，拌匀即可。

（7）豉油沙姜汁

①用料。蒜末50克，新鲜沙姜（剁末）50克，美极鲜生抽200克。

②制作方法。将烧滚的芝麻油淋入以上配料中，拌匀即可。

（8）咖喱腌料

①用料。咖喱粉250克，盐15克，味精10克，白糖10克，鸡精5克，蒜粉10克。

②制作方法。将所有材料拌匀即可。

（9）甜面酱

①用料。柱候酱15克，海鲜酱10克，白糖15克，芝麻酱7克，南乳5克，腐乳5克。

②制作方法。将所有材料拌匀即可。

图2.73　甜面酱

（10）南乳汁

①用料。南乳250克，烧鸭盐60克，生抽70克，花生酱20克，芝麻酱10克，白糖40克，姜末15克，八角粉8克，花雕酒15克，红葱末15克。

②制作方法。将所有材料拌匀即可。

图2.74　南乳汁

（11）猪酱

①用料。柱候酱60克，海鲜酱50克，花生酱8克，芝麻酱8克，腐乳8克，南乳8克，生抽8克，白糖30克，洋葱末6克，干红葱末6克，蒜末6克，生抽适量。

②制作方法。将全部材料搅成糊状即可（将以上材料煮熟就是熟猪酱）。存放在有盖的桶里，于阴凉处保存，不可有生水流入，否则会发霉变质。

图2.75　猪酱

（12）烧烤腌料

①用料。生抽50克，白胡椒粉1克，五香粉1克，味精3克，白糖5克，鸡粉3克，老抽2克，八角粉0.5克，沙嗲酱5克，芝麻油2滴。

②制作方法。将所有材料拌匀即可。

图2.76　烧烤腌料

（13）泰汁

①用料。白醋500克，茄汁500克，生抽100克，盐5克，红油10克，白糖200克，日本芥辣20克，蒜末150克，花雕酒25克。

②制作方法。将所有材料拌匀即可。

图2.77　泰汁

（14）蚝皇卤汁

①用料。生抽2 500克，蚝油100克，白糖250克，味精20克，五香粉2克，八角粉2克，香菜30克，蒜末200克，洋葱50克，老抽适量。

②制作方法。将所有材料拌匀即可。

图2.78　蚝皇卤汁

（15）乳猪皮水

①用料。白醋260克，大红浙醋240克，白酒60克，麦芽糖50克。

②制作方法。用适量开水将麦芽糖溶化，再放入白醋、大红浙醋及白酒拌匀即可。

图2.79 乳猪皮水

 # 任务4 特色冷菜原料制作

特色冷菜原料制作是冷菜制作中不可缺少的重要组成部分，特别是在一些高档宴席所使用的冷菜和技能比赛等工艺冷菜中显得尤为重要。这些原料并不高档，而是利用特殊的加工方法把普通的原料加工制作成冷菜的特色辅助原料。下面介绍几种常用原料的制作。

2.4.1 菠菜松

1）用料

菠菜叶、色拉油。

2）制作方法

将菠菜叶洗净，去掉粗筋，切成细丝，下入六成热的油锅中，小火炸干捞出，用纸巾吸去油即成。

3）制作关键

掌握好油温和火候以及炸制时间，保证色泽碧绿。

图2.80 菠菜松

2.4.2 黑鱼松

1）用料

黑鱼一尾、葱、姜、料酒、盐。

2）制作方法

①将黑鱼三去（鱼鳞、鱼鳃、内脏），洗干净。

②去头尾，去鱼皮，去鱼骨和红肌肉，留白肌肉用冷水浸泡漂洗干净待用。

③放入器皿中，加入葱、姜、料酒、盐，上笼蒸大约20分钟取出，用纱布包紧挤掉水分。

④放入锅内小火炒干水分，边炒边揉即成。

3）制作关键

一定要用小火，必须炒干水分才能疏松起毛。

图2.81　黑鱼松

2.4.3 鸡蛋松

1）用料

鸡蛋、盐、料酒、淀粉、色拉油。

2）制作方法

①将鸡蛋打入盆内，加入盐、料酒、淀粉搅拌均匀。

②锅内放入色拉油烧至五六成热，将鸡蛋液轻轻倒入油中，待浮起炸干捞出，用纸巾吸去油，用手抖松即成。

图2.82　鸡蛋松

3）制作关键

①掌握好油温，一般五六成热油温即可。

②油温过高容易炸煳，油温过低炸不膨松宣软。

2.4.4 圆菜卷

1）用料

圆菜叶、红萝卜丝、香菇丝、鸡丝、青椒丝、盐、鸡精、麻油、白醋、白糖。

2）制作方法

①将圆菜叶焯水后捞出沥干水分，放入盆内，加入盐、鸡精、麻油、白糖、白醋搅拌均匀腌制30分钟。

②把红萝卜丝、香菇丝、鸡丝、青椒丝等分别放入盆内，加入盐、鸡精、麻油、白糖、白醋腌制好，然后将圆菜叶平铺在案上，上面放上红萝卜丝、香菇丝、鸡丝、青椒丝等每种2～3根，卷起来即成。

3）制作关键

各种丝一定要切得粗细均匀，腌制要入味，卷得越紧越好，也可以用重物压紧。

图2.83　圆菜卷

2.4.5 紫菜卷

1）用料

蛋皮、蛋液、紫菜、鸡茸泥。

2）制作方法

将蛋皮平铺在案上抹上蛋液，放上海苔片，再抹上鸡茸泥，顺着一个方向卷起来，放入盘内，上笼用中小火蒸熟即成。这道菜主要用于拼摆高档宴席，造型美观。

3）制作关键

鸡茸泥要入味，卷紧，蒸时用中小火，防止起泡空洞。

图2.84　紫菜卷

2.4.6　蛋白糕

1）用料

蛋清、淀粉、盐、麻油。

2）制作方法

①将蛋清打入盆内，加入盐、淀粉搅拌均匀。

②放入不锈钢方盘内或饭盒内，再放蒸笼中，用小火蒸熟取出，刷上麻油即成。

3）制作关键

蛋清和淀粉一定要搅拌均匀，蒸时用小火，防止空洞。

图2.85　蛋白糕

2.4.7　鳜鱼糕

1）用料

鳜鱼肉、蛋清、盐、葱姜汁、料酒、鸡精。

2）制作方法

①将鳜鱼肉去掉红肌肉留白肌肉，用清水浸泡，然后放入制茸机内打成鱼茸。

②倒出加入盐、鸡精、蛋清、葱姜汁打成鱼茸泥。放入不锈钢方盘或饭盒中上笼蒸熟，晾冷后取出即成。

3）制作关键

茸泥一定要细；搅打时，必须顺着一个方向；用中小火蒸。

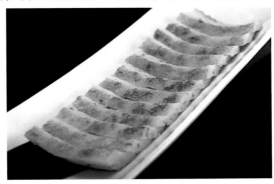

图2.86　鳜鱼糕

2.4.8　鱼胶

1）用料

鱼胶粉、各种蔬菜汁、水果汁或水果酱。

2）制作方法

①将鱼胶粉放入器皿中，加入温水搅拌均匀，上笼用大火蒸化蒸透。

②加入盐、鸡精搅拌均匀，也可加入蔬菜汁、水果汁、水果酱等，再倒入不锈钢方盘或其他模具中，冷却后即成鱼胶。

3）制作关键

掌握好用水量和比例，蒸时用大火，必须蒸透。

图2.87　鱼胶

2.4.9　如意卷

1）用料

鸡胸肉、蛋皮、盐、鸡精、葱姜汁、蛋清。

2）制作方法

①用制茸机将鸡胸肉打成泥放入盆内，加入蛋清、葱姜汁、盐、鸡精，顺着一个方向搅拌成鸡胶待用。

②蛋皮平铺在案板上，将制好的鸡胶放入蛋皮的两边，分别从两边向中间卷成卷，上笼蒸熟，用重物压紧即成。

3）制作关键

蒸时火力不宜太大，用中小火。

图2.88 如意卷

2.4.10 珊瑚玉卷

1）用料

白萝卜、红萝卜、盐、白糖、白醋、蜂蜜、糖桂花。

2）制作方法

①将白萝卜切成大薄片，放入盆内加入盐水浸泡30分钟。

②将红萝卜切成细丝，放入盆内加入盐水浸泡15分钟。

③将白萝卜大片平铺在案板上，在上面放上红萝卜丝，然后卷成卷，放入不锈钢方盘中，再浇上用白糖、白醋、蜂蜜、糖桂花、盐兑成的调味汁腌制30分钟即成。

3）制作关键

白萝卜要切成薄片，红萝卜要切成细丝，要卷紧，保证腌制时间。

图2.89 珊瑚玉卷

1. 冷菜原料的加工方法有哪几种?
2. 如何制作特色冷菜的原料?
3. 如何掌握冷菜汁液的调制?
4. 如何掌握常用卤水的调配与保存?

冷菜装盘工艺

【知识目标】

1. 熟练掌握所有冷菜的分类。
2. 了解冷菜的拼摆原则。
3. 掌握冷菜拼摆的基本要求和基本方法。
4. 掌握冷菜造型美的形式法则。

【能力目标】

通过本项目的学习，懂得和掌握冷菜拼摆的技术关键，能举一反三，触类旁通；能熟练地进行各种冷菜的拼摆；树立严谨的冷菜拼摆理念，能量化标准，并有一定的创新冷菜拼摆的能力。

🍳 任务1　冷菜拼摆的分类、原则及要求

3.1.1　冷菜拼摆的分类

冷菜拼摆装盘是指将加工好的冷菜按一定的规格要求和形式进行刀工切配处理，再整齐美观地装入容器的一道工序。

冷菜造型是一个系统，运用科学的方法对多样而又复杂的冷菜造型进行分类，划定各种冷菜造型的界限，总结并确定它们之间相同和异同的关系，将有助于深入探讨冷菜造型的特点和规律，有利于促进冷菜造型的完善和发展。

冷菜拼摆可分为单拼、双拼、三拼、四拼、什锦全拼、艺术冷菜等类别。单拼是盘中只有一种冷菜菜肴，故又有单盘或独碟之称。单拼是应用最为普遍的一类冷菜造型，可以说任

何一种冷菜都可以用于制作单拼。至于双拼、三拼或四拼及以上等，是指组成冷菜造型的原料数目相应为2种、3种、4种及以上。什锦全拼所用的原料品种多达十几种。艺术冷菜又称花色冷菜、象形冷菜。艺术冷菜经过精心构思后采用多种冷菜原料，运用不同刀工和技法，拼摆成各种花卉类、鸟兽类、器物类、风景类等图案的形状。

3.1.2 冷菜拼摆的基本原则

1）可食性与美观性相结合

冷菜讲究造型，以食用性为主，食用性与美观性相结合是冷菜拼摆的重要原则。风味单盘是最常见、运用最多的一类冷菜拼摆方式，集中体现了冷菜的烹调方法、基本制作手法，也是制作其他冷菜的基础。通过风味单盘的学习，我们应该理解和掌握冷菜食用性与美观性相结合的原则。

（1）食用性原则

冷菜制作要求原料多样化、口味丰富、质感多变、搭配合理，突出冷菜的食用性。冷菜在宴席上讲究选用不同原料，注重荤素搭配，追求变化、爽口、开胃、刺激食欲。散客聚餐根据人数的不同，一般风味单盘数量在2～4个，可以荤素各半也可以安排组合拼盘。通常来说，一般宴席可安排6～8个风味单盘；中档宴席可安排8～10个风味单盘；高档宴席可安排6～8个花色单盘。根据宴席规格的不同，荤素自由搭配，一般情况下是荤素各半。冷拼原料选择与口味应符合人们对现代饮食的追求，在食物的组合上要体现出多样性、不浪费、膳食平衡的原则。

（2）美观性原则

冷菜俗称宴席的"脸面"，有先声夺人的作用，故冷菜对造型的美观要求较高。风味单盘造型工艺大方自然，制作速度快，主要以点缀的方法渲染盘面，起到美化的作用；花色单盘充分利用原料特点和烹调技法造型，讲究刀工和拼摆手法，通常制作花卉类造型，工艺精细，造型美观；主题艺术冷拼有主题名称，如"龙凤呈祥""花好月圆"，讲究构图设计、造型设计与制作遵循形式美的一般法则，充分利用冷菜的材料美、质地美、刀工精细的特点，造型美轮美奂，突出了菜与菜、盘与盘之间的组合效果。

2）讲究卫生性与节约性

冷菜拼摆讲究卫生，提倡节约，合理用料。由于冷菜具有先成熟和先制作的特点，容易被二次污染。初学冷拼者为了造型，不注意节约用料，造成浪费。因此，冷菜拼摆要重视讲究卫生、讲究节约的原则。

（1）讲究卫生原则

冷菜以熟食原料加工成型，卫生要求高，要求二次更衣，戴口罩、手套，器具严格消毒处理。选用原料要符合卫生要求，禁止使用人工合成色素。因为冷菜是宴席的第一道菜，色艳形美，品尝时间较长，所以，冷菜拼摆提倡现点现做。

（2）讲究节约原则

餐饮经营讲究成本核算，提倡节约，反对浪费。在制作冷菜中应注意合理使用原料，控制原料成本。如双色拼盘，选用300克酱牛肉原料，做成造型饱满的冷拼，需要将原料充分利用，修成主坯料，其余原料作为垫底原料。要做到合理用料，还必须提高刀工技术，修料一步到位，切成的片形原料规整。合理用料还要充分利用原料制作冷菜，做到物尽其用，如鸡爪、鸡头等下脚料可以制作美味可口的冷菜。制作主盘多余的原料可加以利用作为点缀料，既能做到合理用料，又能提高冷拼制作技艺。合理保管冷菜原料既是讲究卫生，也是节约成本的重要措施。

3）硬面与软面相结合

硬面与软面是冷拼制作的术语。硬面是指选用规整原料，加工成整齐形状做成的刀面，软面一般是指选用不规整原料，堆放成不规则的形状。在冷拼制作中硬面与软面要结合使用，以起到制作快捷方便、相互协调、更加美观的作用。在各式冷拼制作中，应运用好硬面与软面相结合的原则和方法。

在风味单盘制作中，质地坚硬或较坚硬的原料，如熟鸭脯、鸡脯、酱牛肉等通常作为硬面，盘底堆放不规整的软面原料成基本形状，硬面覆盖在软面原料上，起到很好的协调作用。萝卜、莴笋等在风味单盘中通常切成丝，堆放在盘中，称为软面，如椒麻莴笋、糖醋萝卜丝，制作快捷方便。风味单盘之间的组合也讲究硬面与软面的结合，上述风味单盘组合在一起就是盘与盘之间的硬面与软面的结合，盘与盘之间的造型富于变化，相互协调，更加美观。

在拼合冷拼制作中，多种原料放在一起，硬面与软面相结合，造型才不呆板，如双色拼盘中方腿与葱香萝卜丝搭配，三色拼盘中烤里脊与酸辣莴笋、盐水羊肉之间的结合就显得造型变化多端。

在主题艺术冷拼制作中，硬面与软面的结合要求高，软面是作为垫底原料，不仅要求摆放光整，还要求垫底成一定的造型，如制作孔雀冷拼，垫底原料要堆放成孔雀的形状，硬面原料覆盖在垫底原料上，孔雀就栩栩如生了。

3.1.3 冷菜拼摆的基本要求

1）用料的选用

冷菜原料的选用要符合菜肴制作的一般要求，即符合卫生要求。冷菜因注重造型，在选用时要注意其形状、大小符合造型要求，如选用笔直的小黄瓜，适宜拼摆造型；选用规整的紫菜包卷，形状美观；选用香干，便于切细，体现风味冷菜鸡火干丝的特色等。冷菜原料在选用过程中进行整形处理，也称修料，即将原料加工成符合造型需要的正式原料。在双色拼盘、五色拼盘制作中，我们需要先将制作主、副刀面的原料修成符合造型需要的原料，如双色拼盘中的方腿主刀面、五色拼盘中的酱鸭一般修成长方形，副刀面一般修成柳叶形状，便于旋转排叠。如双色拼盘、五色拼盘中作为副刀面的方腿都修成柳叶形状。五色拼盘中的盐水基围虾则要将虾片成两半，也是便于排叠成形。花色单盘、主题艺术冷拼则要讲究修料整形，应根据各种花的形状修料，如月季花要修成月季花瓣状的块，块与块之间还要有大小区别，以便于体现花瓣层次。主题艺术冷拼造型元素多，都要根据造型要求一一修成形，也称备料。主题艺术冷拼因制作时间较长，为保证原料质量，修好的成形原料一般要用保鲜膜包好，放在食品盒中置低温处，制作时随用随取。应注意修料余下的不规整原料应充分利用，如作为垫底原料。主题艺术冷拼修下的多余料较多，应再加工用到风味单盘制作中，以做到节约用料，物尽其用。

2）色彩的搭配

冷菜制作时，会用到各种色彩的烹饪原料，有时是根据原料原有的本色来选择，有时是根据原料烹调后形成的颜色来选择，所以色彩选择同原料紧密结合在一起。原料色彩选用必须符合食用性原则，以选择原料的自然色为上乘，体现原料的自然美。为了取得一定造型色彩效果，会在原料中添加调色料，但是，禁止使用人工合成色素，如三色拼盘中酱鸭选用食用安全的红曲作为调色剂，风味单盘三色鸡茸卷选用红椒汁、胡萝卜汁、菠菜汁调制鱼茸，达到理想的色彩造型效果，还起到调剂口味、丰富原料的作用。

色彩在冷拼制作中占有极其重要的地位，是构成图案的主要因素之一，无论简单或复杂的冷拼，都必须考虑色彩的合理搭配。色彩有冷暖、明暗之分，暖色调如红、黄、橙，冷色调如靛、蓝、紫等，中色调以白、黑为主。冷拼造型配色要运用好对比色、调和色，处理好各种冷菜原料的色调。做一个组合冷拼不能全是冷色或暖色，要做到冷中有暖，暖中有冷，主次分明，才能达到较好的艺术效果。在各种颜色中，黄色最亮，紫色最暗，如什锦拼盘中6种原料一般是色彩冷暖有别，排列时冷暖搭配，冷暖色彩相互对比衬托，起到色调的对比。应用这种一明一暗、一冷一暖的配色方法，能使色彩更加明快醒目，从而使冷拼更加悦目，更具观赏性。

3）营养的平衡

冷菜造型中的营养平衡包括合理选料、合理加工、合理组配等方面。合理选料突出原料的多样化，即我们常说的荤素搭配，这从组合拼盘的原料选用中可以看出。双色拼盘原料一荤一素，三色拼盘选蔬菜、禽类、水产各一种，两荤一素搭配，均体现了荤素搭配原则。荤素搭配要注意蛋白质、脂肪、碳水化合物3种能量元素的平衡，冷菜选料应多选瓜果类含碳水化合物多的原料，少用含脂肪多的原料。荤素搭配还可以达到膳食酸碱平衡的目的，因为大多蔬果是碱性食物，需要搭配的原料是蛋白质含量高的酸性食物。合理加工，如蔬菜原料焯水时间要短，不应一味追求色泽美观，而用碱性物质处理原料，应多用拌、炝，以及煮、卤、炖等低温加热烹调方法，以减少对食物营养素的破坏。合理组配，在合理选料的基础上，掌握冷菜原料的用量，如手碟拼盘，原料分量应控制在100克左右。宴席中，应根据宴席规格和食用对象控制冷菜的分量比例，普通宴席，热菜数量较多，冷菜数量较少，一般为六个单碟；中档宴席，热菜量适中，冷菜量可以增加一些，一般为八个单碟；高档宴席体现质精量少的特点，一般是六个花色单盘，加一个主题艺术冷拼，或者卤水拼盘，分餐可用手碟拼盘。

4）器皿的选用

冷菜造型是充分利用盘来施展造型技艺。冷菜造型器皿的选用是冷菜造型的重要技术组成部分。关于饮食器皿选用，清袁枚《随园诗话》中专门列有"器具须知"，对饮食器皿的选用做了精辟的概述："美食不如美器。斯语是也。然宣、成、嘉、万，窑器太贵，颇愁损伤，不如竟用御窑：已觉雅丽。惟是宜碗者碗，宜盘者盘，宜大者大，宜小者小，参错其间，方觉生色。若板板于十碗八盘之说，便嫌笨俗。大抵物贵者器宜大，物贱者器宜小。煎炒宜盘，汤羹宜碗，煎炒宜铁锅，煨煮宜砂罐。"

冷菜造型器皿的选用要注意就餐规格、用餐环境、造型要求3个方面。就餐规格，普通宴席选用普通器皿，高档宴席选用高档器皿，器皿的大小还是就餐价格的体现，如大盘卤水拼盘与小盘卤水拼盘的价格就不同，任客所选。用餐环境是饮食器皿选用的重要影响因素，器皿也体现了饭店的风格，农家乐餐厅器皿朴实大方，宫殿式餐厅采用标有"万寿无疆"字样的仿清宫餐具，古朴典雅，宫廷色彩浓郁。根据造型要求选用器皿应符合相得益彰的原则，还应根据造型因型造型，如双色拼盘选用圆盘，在主题艺术冷拼中，还可以选用特殊规格的器皿以达到更好的造型效果。目前，餐饮饭店冷菜器皿的选用呈现多样化趋势，瓷器、玻璃器皿、陶器、竹器等罗列席面，宴席冷菜器皿的选用组合造型应注意多样统一，给人以协调美感。

任务2　冷菜拼摆的基本步骤及常用方法

3.2.1　冷菜拼摆的基本步骤

冷菜造型的可食性和美观性是通过拼摆造型来体现的，因此，掌握冷菜拼摆的基本步骤是非常重要的。冷菜拼摆可分为垫底、围边、盖面和装饰4个基本步骤。

1）垫底

对绝大部分的冷菜拼摆造型来说，垫底是拼摆过程中最基础的一项操作步骤。垫底的作用主要体现在以下3个方面：第一，充分利用冷菜原料的下脚料或散形碎料作为垫底的原料，尽量做到不浪费，不损耗，最大限度地降低产品的单位成本，提高餐饮企业的经济收入。第二，起到辅助、烘托主料的作用，使拼摆的冷菜造型更加饱满和丰腴。第三，可以弥补因冷菜造型题材的限制而引起的数量不足的缺憾，进一步提高冷菜的食用价值。这样冷菜造型的食用性与美观性就能很好地融合在一起，做到高度统一。由于冷菜拼摆造型的样式各异，垫底时对冷菜原料的选择和要求也不同，所以在实际操作中，需要从以下两个方面来掌握。

一是关于普通风味的单盘造型或围碟。在这类冷菜拼摆造型时，主要是使用冷菜材料刀工切配加工过程中修整下来的各式不成形的小块、小片、小条、丝等下脚料或碎料来进行垫底。在垫底时，首先将这些下脚料或碎料垫于或堆码在盘子的正中央底部。使用这些下脚料或碎料来垫底，不是因为这些原料的质量次，而是因为它们的外形不符合拼摆的要求，如果把这些下脚料或碎料摆在冷菜造型的表面，会影响整个冷菜的美观。另外，垫底需要平整和服帖，而相对较大的冷菜原料无法满足这一点，只有相对较小的料形才能使垫底更加平整和服帖。当然，用于垫底的料形也不能太小或太碎，如米粒大小就不行，食用起来不方便。还需要注意的一点是，垫底原料的品种一定要上下一致，如上面的材料是叉烧肉，下面的垫底原料也一定是叉烧肉，不可以衬垫如沙葱土豆泥、酸辣土豆丝等其他品种的原料，否则形式与内容不能统一，给顾客造成名不符实的印象，从而影响餐饮企业的形象和声誉。

二是对美观性较高的艺术冷菜造型的垫底。由于这类冷菜对构图结构的合理性、拼摆造型的仿真性以及颜色搭配的和谐性等方面的要求都非常高，因此，这种形式的垫底应选用柔软细腻、可塑性较强的原料，如葱油土豆泥、蓝莓山药泥、冬粉拌鸡丝、各种肉松、菜松及蛋松等。使用这些原料垫底比较容易塑造拼摆者想要的各种不同的形象，使造型轮廓清楚、平整服帖，为顺利地进行冷菜拼摆的下一个步骤打下坚实的基础。

2）围边

冷菜拼摆围边也称盖边，就是将相对比较整齐的冷菜原料经过精细的刀工切配以后，整齐地拼摆覆盖在垫底材料的周围。围边的冷菜原料除要切得薄厚一致、大小均匀以外，还需要拼摆得整整齐齐，同时关注底坯的大小和形态，以免没有完全覆盖全部底坯，出现露底现象，从而影响冷菜整体造型的美观性。

3）盖面

冷菜拼摆盖面就是根据冷菜构图造型的要求，选择对应的冷菜原料，经过精细的刀工切配及拼摆后，使之均匀整齐地覆盖在底坯原料的最上面，使整个冷菜造型丰满、均匀、形象并且美观。就普通的风味单盘造型而言，用于盖面的原料均是该冷菜原料中质量最佳、最好看、最好吃、最完美的部分，使该冷菜形象更为突出，口味特点更为明确。如白斩鸡，最适合作为盖面原料的部位是鸡脯。对于艺术冷菜来说，冷菜原料的类别、口感、形态和颜色等，则需要根据实际冷菜造型中的具体题材的规定和要求进行适当的选择，不能以偏概全。一般而言，盖面是冷菜造型主要拼摆的最后一个步骤，它对冷菜造型质量的高低起着决定性的作用。因此，我们要把冷菜原料中质量最佳、最好看、最好吃、最完美的部分用于盖面，这样才能使专业技术性和审美艺术性得到完美的融合，从而达到相得益彰的作用。

4）装饰

冷菜拼摆装饰就是在冷菜造型主体拼摆完以后，为了使冷菜造型达到锦上添花而选择其他可食冷菜原料进行适当的点缀和美化的过程。装饰的主要作用和价值体现在对冷菜主体部分的点缀与美化上，而不是突出装饰物的美观和好看，喧宾夺主和画蛇添足的装饰都是不可取的。冷菜造型装饰原料的选择一般要色泽鲜艳，可食性强，常用的装饰方法有点角装饰、围边装饰、组合装饰、补充装饰、盖帽装饰和垫底装饰。

①点角装饰就是在冷盘的一侧装饰以点缀性食材，与主题相呼应，使冷盘在立体三维效果上重点突出。一般有单一或多种的拼摆小件物体，有生动可爱的效果，对称角或平行边角等装饰给人以均衡的视觉感觉。这种形式主要运用于围碟冷菜造型的装饰中。

②围边装饰是运用色彩和立体或半立体的形状特征，在冷盘的周围或冷盘四角装饰，起到画龙点睛的作用。这种方式多用于精美、体积小的食材，如玉兔、蜻蜓、虾等冷盘装饰中，它有多维立体视觉的效果，在整体视觉和造型上有完整的食品艺术感。

③组合装饰是为了使冷菜造型更逼真、更完整而配合使用的一种装饰方式。如五塔寺的冷菜造型，在寺的前方用食材制作成道路、花草装饰，这样塔更自然，整体效果更逼真。又如蟹篓的冷菜造型，给蟹篓装以一个或多个螃蟹，使蟹篓的形象更逼真、更灵动可爱。这类与冷菜造型相结合的装饰方式，多用于围边装饰造型中。

④补充装饰是为了掩盖在冷菜拼摆过程中无法避免的一些花刀面不美观的部分或为了使冷菜拼摆造型的形象更逼真而采用的一种装饰方式，具有补充冷菜拼摆的完整性和增添色彩效果的作用。如在拼摆草原美景等冷菜造型中，在草原的上方摆放河流和数只小羊，点出了草原景色优美、意境辽阔，在这里选用的河流和小羊就属于补充装饰，是画龙点睛之处。还比如骏马奔腾、天堂草原等冷菜，在草原上用菜花、西兰花等做成小羊或草甸子放在冷盘的连接处来补充装饰，这就属于遮挡的填补。这种方式在冷盘的装饰中使用得非

常频繁。

⑤盖帽装饰就是将色彩艳丽而用料较少的食材覆盖在冷盘的表面或顶部，如同戴帽子一样。如在制作蒜香四季豆、水晶皮冻时，将蒜末放在冷菜的顶部。这种方式多用于围碟中心点缀装饰中，与调味料相结合，起到画龙点睛的作用。

⑥垫底装饰就是运用颜色差异、色彩对比，在冷盘菜品的底部铺垫可以直接食用的食材进行装饰，如在墨鱼上放葱姜蛋末，在皮蛋上放青红椒末等，在装饰过程中还要注意装饰的合理性，不可画蛇添足，使整个器皿填得满满的，使冷盘画面中没有空隙，没有对比。

以上这些装饰方法也不是完全独立运用的，要视具体情况而灵活掌握应用，需要时，可同时运用2种或2种以上装饰方法。

3.2.2　冷菜拼摆的常用方法

冷菜拼摆是复杂多变的，拼摆方法也种类繁多，常用的有堆、排、叠、围、贴、复等。

1）堆

冷菜拼摆的堆就是将一些大小不一、形状各异的冷菜食材堆放在盘中，多用于大小不一、形状各异的风味单碟冷盘造型中，如挂霜花生、多味豆、松仁玉米等，也可用于美术性较高的艺术冷菜的造型中，如五塔寺、凤凰展翅等冷菜造型中栩栩如生、活灵活现、生动传神的假山、花草等，就是用黄瓜或土豆泥堆砌拼摆而成。冷菜拼摆堆的方法可以给我们展现拼摆构图的多维视觉效果。堆的基本要求是呈喇叭状，下面宽大、上面窄小或呈尖锥形。

2）排

冷菜拼摆的排就是将已做初加工处理后的冷菜食材并排平列地装入器皿中。排具有应用广泛、整体结构好、视觉整洁的特性，比较多地应用于方形、长方形、圆形或椭圆形等食材的冷菜拼摆中，如葱香油菜、烤牛肉干、猪皮冻等。在具体应用中要依据冷菜食材的种类、颜色、形态、软硬度及盛盘的器皿不同，灵活使用多种不同的拼摆排法。可依据食材特性排成多种形态，如方形、长方形、圆形或椭圆形等，也可逐层排成需要拼摆的图形，还有不同颜色对比排列等式样。排的方式多样，要灵活应用使其达到视觉艺术美的效果。

3）叠

冷菜拼摆的叠就是把立体拼摆食材切成形状不一的片状，一层一层整洁地叠起来装入器皿中。多用于形状不一的片状形食材，是一种考究手法技能的拼摆方法，多以楼梯阶梯形方式拼摆。冷菜拼摆叠时要与花刀刀工相配合，一边切一边叠，叠好后一般都是用刀铲铲起来放在已经垫底及围边的冷菜材料上。冷菜拼摆的叠主要还使用在拼摆立体的山峰当中。采用叠的方法进行冷菜拼摆的冷菜食材多以带韧性、脆性和柔性而又不带骨头的为多，如酱牛肉、烤鸭、盐水萝卜等。冷菜拼摆的叠要求食材厚薄、长短、大小一致，且间隔均匀、层次分明，这样才能使装盘达到造型美观、大方的效果。

4）围

冷菜拼摆的围就是将已处理好或切好的冷菜食材在器皿中排列成或围成似圆形或半环形的方法。围能起到突出重点和视觉效果对比的作用，可分为围边和排围两种。冷菜拼摆的围边是指在中央突出体现的冷菜食材的周边，再放一层或多层不同颜色的食材，这样可使冷菜造型具有丰富的质感和强烈的视觉效果对比，如双味丸子扒菜胆的周围放了一圈油菜。冷菜拼摆的排围是将冷菜食材一层一层间隔起来排围成花朵的形状，中间再装饰其他颜色的食材成为花朵的花心。使用围的方法拼摆冷盘时，要注意冷菜食材相互之间颜色的搭配，这样才能达到完美的视觉效果。

图3.1　双味丸子扒菜胆

5）贴

冷菜拼摆的贴也称摆，是使用熟练的花刀技术和多种多样的花刀方法，按食材的不同颜色、质地把食材调配加工成各种各样的形状，在器皿内依据所需图形设计的要求拼摆成冷菜造型的图案。使用这种方法难度比较大，对拼摆的刀工技术要求比较高，还要有娴熟的拼摆技术。拼摆者要有一定的艺术修养和美术功底才能灵活使用，从而使冷盘的拼摆呈现美观大方、活灵活现的效果。

6）复

冷菜拼摆的复就是将加工成形的冷菜食材先码放在碗中或刀面上，再码扣在器皿中的一种方法，也称扣。使用这一种方法拼摆冷盘时，必须把相对完整、质优的食材码放在器皿底部，这样才能使主体物料突出，造型完整，雅观别致。

 # 任务3　冷菜拼摆的艺术规律

冷菜造型拼摆的构图有别于一般美术绘画艺术，它与食用目的相吻合，同时还必须有相吻合的烹饪食材，通过烹饪制作工艺来展现。因此，冷菜拼摆受到可食性的制约，也受到食材加工工艺条件、食材物性特点和烹调加工方法是否匹配等因素的制约。冷菜造型拼摆的思路如下：

1）冷菜拼摆要构思巧妙

构思是冷菜造型的基础。在构思造型的过程中，要充分发挥创作及想象力，尽可能地表达反映出内心最真实的思想情感和所要表达的意境，之后把整个造型布局与构图确定下来，再更深一层地细致描绘、展现出每个小的局部，并作进一步的艺术加工。

在构图过程中，必须全面考虑冷菜造型的所有特点和艺术观赏价值，同时也不可漠视冷菜可食用的营养价值，要使这三者完美地结合在一起，并让他们能相辅相成、完美结合。偏重任何一方面都不能称为完满的冷菜造型，更不能表现出中国烹饪技艺的博大精深。

2）冷菜拼摆要主题突出

冷菜造型要从整体出发，不论素材、主题、结构都要主次分明，主题突出。可使用以下方法：一是把主要素材放在最明显的位置；二是把主要素材表现得体积大一些，描画得更精致一些，或者颜色要对比分明一些，这样才能突出主题。

3）冷菜拼摆要布局合理

冷菜拼摆的布局要有序、严密。在冷菜拼摆过程中，解决整体的布局问题是举足轻重的，主要素材的定型要考虑整体素材的走向，其余素材都归属于整个布局，以达到浑厚质朴、虚实合理的目的且具有较强的艺术感染力。

4）冷菜拼摆要骨架清晰

冷菜拼摆的骨架是冷菜造型的重要部分，它如同动物的骨骼构架、山石的主体、河流的河干等，决定着冷菜造型的最基本效果图与整体布局。在造型时，刚入门者务必在器皿内先勾勒出骨架的主线，方法是在器皿内先找出错综复杂的中心点线，可使之成为"十"字格，再加平行相交线，就成为"井"字格，这样便于冷菜食材的精准定位和拼摆的准确摆放。

5）冷菜拼摆要虚实相间

所有冷菜拼摆都是由形体与空白共同构成的。空白是效果图的有机组成部分。中国美术绘画在勾勒图形时讲究见白当黑，也就是虚实结合，底面与图案相互对比。对于冷菜造型效果图来说，精妙的虚实处理是效果图的关键。在冷菜的造型过程中，如果把器皿中的虚处理合理，可以使虚而不空，实而更满，使冷菜造型具有更强的艺术视觉感染力，更意味深长。

6）冷菜拼摆的造型完整

冷菜造型效果图无论是在表现方式还是内容上都要求完美，不可缺东少西。效果图形式上要求有美观性，结构上要合理有规则，不可松懈杂乱，对素材的外观也要求完整，从头到脚不可使其中的意境缺失或内容间断，要相互对应。

任务4 冷菜拼摆的变化形式

冷菜造型拼摆的蜕变是一种美的艺术创造，但这种变化并不是随心所欲的，更不是没有明确目标的。其变化的原则是要为宴饮主题核心服务，同时这种变化必须与冷菜造型拼摆制作美术工艺的要求、规律以及烹饪食材的特点、特征相吻合。

3.4.1　冷菜拼摆的夸张变形

冷菜拼摆的夸张变形是冷菜造型艺术变化的重要方法。它是用增强的手段对物体特有的特点加以夸张，使物体更加典型化，更加鲜明化，更加具体，更加引人注目。冷菜拼摆的夸张是为了使形态更逼真。夸张来源于生活但高于生活，具有艺术的夸张性。如"孔雀开屏"中雄孔雀的尾屏最漂亮，我们在拼摆时要利用夸张变形的方法，将孔雀的尾屏拼摆比例加大，突出尾屏美丽的鲜明特征，加强整个拼摆的艺术效果。

由此可见，适当加大某个特征的夸张力度，可以加强冷菜拼摆的感染力，使其表现得更加具体化。所以，冷菜拼摆的夸张离不开拼摆的变形，只有适当的变形才能夸张。但是，夸张要适度，应夸张其自身特征，反映出物体的韵味，不可以出格，应使物体变得传神，更具感染力。那种只凭主观意念、牵强附会的夸张，只见局部而不顾整体的变形，刻意追求奇特美丽而忽略冷菜可食性的特点，以及不顾冷菜造型美术工艺制作的要求与规则的做法，都违背了冷菜拼摆造型艺术的初衷，是不可取的。

3.4.2　冷菜拼摆的简化形式

冷菜拼摆的简化是为了把形体刻画得更纯粹、更集中、更精致的拼摆方式。通过去掉细枝末节的不必要的东西，使物体更纯粹、更集中、更精致，但依然能体现其主要特征。如羊、马、牛等，它们自然生长的体毛都是细密繁多的，如果将真实的体毛全部如实地体现，不但不能做到，而且也不适合在实际冷菜造型中应用拼摆，在这种情况下就得进行简化处理，把多而繁杂的体毛简化成若干轮廓，使其具有可行性。

3.4.3　冷菜拼摆的添加形式

冷菜拼摆的添加，不是抽象的组合，也不是对大自然物体特点的扭曲，而是把各种在不同状况下的形体和具有代表性的特点组合在一起，以丰富内容，增加新奇感，使形体更加丰满和厚实，从而加强整个拼摆的艺术想象力和视觉效果。冷菜拼摆添加形式是将简化或夸张的形体依据冷菜造型效果图的需要，使其更加完满的一种表现形式。它是一种需要先减去烦琐的不必要的东西，后增加物件使原物体形体更加丰满，更加生动灵活的拼摆方式。如拼摆草原物体时，为体现特点会加入蒙古族传统纹样元素等，就是采用了这种表现手法。

有些物体自身具备了美丽的装饰元素，就不需要画蛇添足，如动物中的花豹、金钱豹等。但是，有些物体自身不具备美丽的装饰元素，为了避免物体的单调，可在不影响突出物体主体特点的前提下，添加一些具体物体、线条或多维几何图形纹样，但要注意添加物体与主体内容和形态上的合理呼应，不能随意乱用。如在拼摆的花卉上放一只蝴蝶，反而显得更加相得益彰。

3.4.4　冷菜拼摆的理想形式

冷菜拼摆的理想是一种奇思妙想的构思，在冷菜造型时，采用理想的形式可以使物体更生龙活虎，更富于想象力。我们在冷菜造型拼摆美术工艺中，应充分利用食材自身的天然美、颜色美、质感美、形态美等，加上精湛的冷菜刀工技术和巧妙的拼摆手法，结合造型美术和视觉艺术，表达对事物的赞扬或祝福。如在婚宴中用鸳鸯、龙凤、双喜等物体加以组合，使宴席主题氛围更浓。

在特定场合下，还可将不同时间、不同空间、不同地域等的事物组合在一起，成为一个完整的理想造型。这种表现形式能给人们完整和圆满的感觉，从而达到完美冷菜构图造型的目的。

 # 任务5　冷菜拼摆色彩的基本知识

3.5.1　色彩的基本知识

我们生活在大自然中，大自然色彩缤纷，蔚蓝的海水、茂密翠绿的群山、艳丽的花朵等，这一切构成了我们美丽的世界图画。

色彩是冷菜造型构图的重要因素之一，无论什么样的冷菜造型，都离不开对色彩的考虑，食材的可食用性和颜色对心情和心理有较大的影响力。为了能更好地发挥颜色在冷菜造型中的作用，我们要掌握好色彩的基本知识，只有这样才能把色彩灵活地应用到菜肴拼摆中。中国人说起菜肴，一定会讲求色、香、味、形，可见色彩在菜肴拼摆中的重要性。

色相是色彩的首要特征，是区别各种不同色彩的最准确的标准。事实上任何黑白灰以外的颜色都有色相的属性，而色相也是由原色、间色和复色构成的。色相、色彩可呈现出质的面貌。自然界中各个不同的色相是无限丰富的，如紫红、银灰、橙黄等。色相即各类色彩的相貌称谓，即使是同一类颜色，也能分为几种色相，如黄色可分为中黄、土黄、柠檬黄等，灰色可分为红灰、蓝灰、紫灰等。光谱中有红、橙、黄、绿、蓝、紫6种基本色光，人眼可分辨出约180种不同色相的颜色。最初的基本色相为红、橙、黄、绿、蓝、紫，在各色中间加插一两个中间色，其头尾色相按光谱顺序为红、橙红、橙、黄橙、黄、黄绿、绿、蓝绿、蓝、蓝紫、紫、红紫。红和紫中再加个中间色，可制出十二色相。

3.5.2　色彩三要素

色彩三要素也称色彩的三属性，即色相、明度、纯度。

1）色相

色相又称色调。色相是一种颜色区别于另一种颜色的特征。我们平时所说的红、绿、蓝、黄就是指色彩的色相。

2）明度

明度又称光度、亮度、明暗度，指色彩本身因光照强度不同而产生的明暗程度。色彩最深的黑色到最亮的白色，分为11个明度色阶，白为十度，黑为零度。最暗的色阶为零至三度，为低调色，灰色阶段四至六度为中调色，最亮的色阶七至十度为高调色。在低、中、高调色内明度色的对比为弱对比，称为短调。在低和中调色或中和高调色之间的对比是比较强的对比，称为中调。在高和低调色之间的对比是强对比，称为长调。不同明度基调形成不同的视觉效果和情感接受度。

高调表现出活泼、柔软、明亮、高贵、辉煌、轻飘；中调表现出柔和、含蓄、质朴、稳重、明确；低调表现出朴素、丰富、沉重、迟钝、寂寞、压抑、阴暗。强对比表现出光感强、形象清晰、易见度高、空间层次明确丰富、锐利刺目；较强对比表现出光感适中、视觉舒适、形象明确略显含蓄、动中有静、既富有变化又和谐统一；弱对比表现出光感弱、形象模糊不清晰、易见度低、含蓄隐晦。

3）纯度

纯度指色彩的鲜艳度。从科学的角度看，一种颜色的鲜艳度取决于这一色相发射光的单一程度。人眼能辨别的有单色光特征的色都具有一定的鲜艳度。不同的色相不仅明度不同，纯度也不相同。

3.5.3　色彩的味觉联想与情感作用

色彩的本质是波长不同的光线，没有什么情感可言。但是，在人们的世界里，眼里的所有变化都会对人的感情带来影响，其中大多数影响是通过色彩记忆的方式在人类的灵魂深处留下印记。当人们看到一种或多种颜色时，就可引起人类情感上的波动，如亮色使人感觉温暖，灰色使人感觉寡淡，暗色使人感觉寒冷等。营养学家建议人们要尽可能多吃五颜六色的食物，这样才能更好地预防疾病，保持健康。水果蔬菜明亮的色彩，也标志着其所含的营养素不同。所以，现代人们对色彩的搭配要求越高，对情感的作用也就越强。

1）红色

红色，可见光谱中长波末端的颜色，波长为610～750纳米，类似新鲜血液的颜色，是三原色和心理原色之一。红色代表吉祥、喜庆、喜气、热烈、奔放、激情、斗志、革命。在我国，红色是婚礼、寿辰、重大节日等喜庆场面的代表色之一，比如在婚礼上和春节期间人们都喜欢用红色来装饰。红色是表示爱的颜色，象征着幸福、吉祥、欢乐、喜气、热烈等。

红色食物可预防感冒，有红椒、西红柿、胡萝卜、红心薯、山楂、红苹果、草莓、红枣、红米、柿子等。

2）黄色

黄色代表轻快、透明、辉煌、高贵，是充满希望的色彩印象。

黄色食物不但饱含丰富的维生素和矿物质，更重要的是含有叶黄素和玉米黄质，可以预防与年龄有关的黄斑变性。黄色标志性的色素——胡萝卜素，是一种强力的抗氧化物质，能够清除人体内的氧自由基和有毒物质，增强免疫力，在预防疾病、防辐射和防止老化方面功效卓著，是维护人体健康不可缺少的营养素。黄色食品如黄椒、玉米、黄桃等。

3）橙色

橙色是欢快活泼的色彩，是暖色系中最温暖的颜色，它使人联想到金色的秋天、丰硕的果实，是一种富足、快乐、幸福的颜色。橙色稍稍混入黑色或白色，会变成一种稳重、含蓄又明快的暖色，但混入较多的黑色，就成为一种烧焦的颜色；橙色中加入较多的白色会带来一种甜腻的感觉。橙色食物有提升免疫力的功效，橙色食物中通常含有胡萝卜素，人体能将其转化为维生素A，从而起到保护眼睛、骨骼和免疫系统健康的作用。通常，橙色食物还富含抗氧化剂，可减少空气污染对人体造成的伤害，能消灭引起疾病的自由基，预防多种疾病。橙色食物如柑橘、芒果、老南瓜等。

4）绿色

绿色是生命色，是大自然的主体色彩之一。绿色象征着生机盎然、生命力、活力、和谐、真实、自然、和平，它和人类活动有着极为密切的关联。因此现代人也把无公害食品称为绿色食品。冷菜常用的食材有很多来自绿色植物，如青菜、菠菜、油菜等。

绿色食物应用于冷菜，给人以清凉、舒心、清淡的感觉，使人心情舒畅。

5）紫色

紫色是由温暖的红色和冷静的蓝色化合而成，是极佳的刺激色。在中国传统里，紫色是尊贵的颜色，如北京故宫又称紫禁城，还有紫气东来的说法，比喻吉祥的征兆。

紫色食物指表皮或内里为紫色或黑紫色的蔬菜、水果、薯类及豆类等，包括车厘子、黑布李、黑加仑、桑葚、紫甘蓝、茄子、紫薯等。紫色果蔬中含有花青素，具有强力的抗血管硬化的神奇功效，可阻止心脏病发作和血凝块形成引起的脑中风。根据营养学统计分析，紫色食物的营养价值高于其他色泽较浅的食物。

6）褐色

褐色代表稳定、可靠、有亲和力。它是在红色和黄色之间的一种颜色，含有适中的暗淡和适度的浅灰。褐色食物有香菇、咖啡、羊肝等。

7）白色

白色可以代表安静、停止、结束等情绪，同时具有单调、朴素、坦率、纯洁的形象，使人产生纯洁、天真、公正、神圣、抽象、超脱的感觉，对烦躁情绪有镇静作用。白色食物能够活化身体机能，引导出生命的基本原动力，并能将这种能源提升和保持，是维持正常生命运行必不可少的元素。白色食物有大蒜、大米、花菜、白萝卜、莲藕、竹笋、冬瓜、雪梨、山药、百合、牛奶、豆腐等。

8）黑色

黑色代表神秘、暗藏的力量，它将光线全部吸收没有任何反射。黑色和白色搭配，是永远不会过时的，一直都位于视觉的前沿。虽然黑白两色是极端对立的，但有时候它们之间又有着令人难以言状的共性。白色与黑色都可以表达对死亡的恐惧和悲哀，都具有不可超越的虚幻和无限的精神，黑白又总是以对方的存在显示自身的力量。它们似乎是整个色彩世界的主宰。黑色表示凄惨、悲伤、忧愁，同时又象征着健康、稳重、坚实和刚强。黑色食物如黑豆、黑木耳、黑芝麻等，对人体有益，可适当多吃。

9）青色

青色象征着坚强、希望、古朴和庄重。青是一种底色，低调而不张扬，伶俐而不圆滑，清爽而不单调。青色与蓝色为同类型色，青花器皿在中国的应用比较多，青色作为冷菜的装饰色彩是可以被人们接受的。在冷菜拼摆实践应用中，将青色收纳为冷菜色彩，并作为白色和淡色冷菜的搭配装饰，能给人们带来幽静、淡雅、落落大方和精巧别致的视觉感受。

任务6 冷菜造型美的形式法则

一切好的内容都必须以好的形式表现出来，冷菜造型艺术当然也不例外。冷菜造型的美就是美的形式和美的内容的有机统一体，是两者组合的完美呈现。冷菜造型美的形式为美的内容服务，美的内容必须通过美的形式表现出来，两者相辅相成，不可分割。因此，冷菜造型美除了对冷菜造型的外在形式的研究外，还要特别重视冷菜造型外在形式以外的某些共同特征，以及对它们所具有的相对独立的审美价值的研究。冷菜造型的形式美是指组成冷菜造型的一切形式因素（如颜色、形态、口感、结构、大小等）按一定规律完美组合后所呈现出来的审美特性。因此，研究并掌握冷菜造型各种形式因素的组合规律（即形式美法则），对于指导冷菜造型美的创新与创造具有重大的实践和实际意义。

3.6.1 单纯与一致

单纯与一致又称整齐划一或整齐一律，这也是最简单、最基础的形式法则。在单纯一致中见不到明显的不同和对立的因素，这是风味单盘造型或组合造型的围碟中最为常见的一种表现形式。如单纯的色彩构成有碧绿的蒜香荷兰豆、褐色的卤香菇、嫩黄色的白斩鸡、酱红色的卤牛舌、乳白色的冬粉拌鸡丝等，这种单纯简约的造型可以使人产生简洁、明快、干净的感受。一致是一种简单整齐的美，一般是指外表的一致性，说得更明白一点，是同一形状复制叠加，这种复制叠加对于菜品实物的形式起着决定性的作用。如长短一致、闪闪发亮的羊腰花构成的炝腰花；大小相似、红润绵软的卤羊蹄；厚薄均匀、形如岩层的层层脆耳，都给人以整齐划一、简单自然的简约美感。由此可见，只要符合冷菜造型美的形式法则，即便是最简单、最普通的单纯一致的冷菜造型，也能给人带来简洁明快、赏心悦目的视觉冲击效果。

3.6.2 对称与均衡

对称与均衡是我国民众非常喜爱的一种美的表现形式，当然在中餐中使用得也比较多。因此，对称与均衡是构成冷菜造型形式美的基本法则，也是冷菜造型求得稳定重心的最基本的两种结构形式。

1）对称

对称是以一假想中心为基准，构成各对应部分平衡均等，是一种特殊的均衡形式。在冷菜造型拼摆中，对称的具体运用又可分为轴对称和中心对称两种。

（1）轴对称

轴对称的假想中心为一根轴线，物象在轴线两侧的大小、数量相同，作对应状分布，各个对应部分与中央间隔距离相等，折叠以后可以合二为一。根据冷菜造型构图的基本形式，轴对称又分为左右对称和上下对称两种形式。

对称是大自然生物体本身结构的一种符合规律的存在形式。比如，动物的两只眼睛、两只耳朵、四条腿，植物的叶脉等无不反映出左右对称的规律。在长期的生活实践中，人们认识到对称对于人的生存和发展的重要意义，并将对称规律应用到物质生产、艺术创造、环境布置、菜品制作等许多方面。尤其在冷菜造型实践中，为了顺应人们视觉的舒适、省力的习惯与需要，对称造型多采用天平式左右对称，创造出了如双桃献寿、雪打宫灯、双喜临门、草原迎宾花篮等优美的冷菜造型。

（2）中心对称

中心对称是假想中心为一点，经过中心点将圆或其他形状划分出多个对称面。如三面对称之三拼，五面对称之五星彩拼，八面对称之什锦排拼等。在具体冷菜造型构图的运用中，有放射对称、向心对称和旋转对称等形式，但在严格的多面对称形式中，各对应面应该是同形、同色和同量的。

除了上述绝对对称之外，冷菜造型还经常使用相对对称的构图形式。所谓相对对称，就是对应物象粗看相同，细看有别。如"鸳鸯戏水""蝶恋花"等就是采用相对对称的表现形式。

对称形式的冷菜造型会给人以平和、安静、整齐、平稳、有序以及装饰性的美，但当这种形式被滥用或用之不恰当时，也会给人以乏味、单调、浅薄的印象。因此，能见到有不同、有变化、有条理的非对称形式的均衡，会令人赏心悦目且浮想联翩。

2）均衡

均衡又称平衡，是指上下或左右相应的物象的一方，以若干物象换置，使各个物象的量和力臂之积，上下或左右相等。在冷菜造型构图中，均衡有两种形式：一种是重力（力量）均衡，另一种是运动（势）均衡。

（1）重力均衡

重力均衡原理跟物理力学中的力矩平衡原理相类似，可以看出，在力矩平衡中，重力与力臂成反比。在冷菜造型构图过程中的力臂也存在，实质就是指物象与盘子的中心距离，使整个盘面形成立体的平衡关系，使盘中的物象在非常有限的平面和空间里寻求平衡。比如"山清水秀"有山、有水、有船、有凉亭，搭配在一起时是何等的均衡，立体效果非常强，但是从物理力学的角度来看，无论如何是不均衡的，但是这种组合完全符合人们正常的视觉习惯，因而在感觉上是均衡的。这是理解冷菜造型均衡形式的关键所在。

（2）运动均衡

运动均衡是指形成平衡关系的两极有规律地交替出现，使平衡被不断打破又不断重新形成。比如在草原上奔驰的骏马，雄鹰展翅翱翔在蓝天，还有蓝天白云下嬉戏的小羊，这些均给人的视觉感官是在运动的，但又是平衡的。这种瞬间的画面总是给人以最广阔的想象余地。

均衡的两种形式，强调的是在不对称的变化组合中求得平衡。在冷菜造型构图的实例中，但凡是运动均衡的造型，只要拼摆处理得当，都能给人以活泼可爱、富有感染力和动感的感觉，让人欣喜若狂。但是如果处理不当，就会显现出零乱、无序、脏乱差的画面。可见，准确地把握各种形式因素在造型中的相互依存关系的重要性，同时又能符合观看者的视觉习惯和心理经验，这样才能获得我们理想的、有均衡美效果的冷菜造型。

3.6.3 调和与对比

调和与对比反映了一对矛盾的两种状态，体现的是对立与统一的关系。在冷菜造型构图和拼摆时，只有处理好调和与对比的关系，才可拼摆出优美动人的冷菜造型。

调和是把两个或两个以上非常接近的因素放在一起，换句话说，就是在差异和不同中倾向于一致，意在求同。例如，"骏马奔腾"中骏马的造型，以烤鸡为原料，利用鸡在烤制过程中天然形成的皮面颜色的深浅变化，切割成与马各部位肌肉结构相似的块面状拼摆而成，观之虽然有枣红、金红、金黄等色彩差异，但对于整个马的造型来说，却是浑然一体的感觉。以上这个例子可以说明，在冷菜造型构图中，调和这一法则的巧妙运用是非常重要的。

对比是把两种或两种以上极小相同的因素并列在一起，也就是说，是在差异中倾向于对立，强调立异。在冷菜造型构图中，对比是调动多种形式因素来表现的。例如，"雄鹰展翅"中静止的大山，低矮紧凑的空间，都是为了衬托雄鹰凌空展翅飞翔时的迅疾、高大、舒展的雄浑气势和苍劲勇猛的个性。再比如红与绿两种颜色的对比，莫过于采用中国传统方法来塑造红嘴绿鹦鹉的形象，一点红嘴配上万绿鹦鹉身，给人以鲜明、强烈对比的震撼。

调和与对比，各有特点，在冷菜造型中皆可各自为用。可采用一方占主导地位，另一方处衬托地位的大调和小对比，也可采用大对比小调和。总之，如果形态对比强烈我们就以色彩来调和，如果结构对比强烈我们就以分量来均衡。这样，在一个冷菜造型中既展现了调和与对比，同时又兼得了两者之美，何乐而不为。

3.6.4 尺度与比例

无规矩不成方圆，如何拿捏好冷菜造型的尺度与比例着实是一件不容易的事，所以尺度与比例是形式美的又一基本法则。尺度是一种标准，是指事物整体及其各构成部分应有的度量数值。比例是某种数学关系，是指事物整体与部分以及部分与部分之间的数量比值关系。其中很早提出的黄金分割律，被认为是形式美的最佳比例关系。

冷菜造型尤为重视尺度与比例形式法则的应用。尤其在动物的拼摆过程中，尺度是否准确、比例是否恰当关系着冷菜拼摆的成功与否。只有讲究了尺度与比例，并在拼摆时灵活且合理地运用，冷菜造型才会真实、生动、活灵活现，也才会吸引人、打动人。

另一方面，冷菜造型中的尺度与比例不能太机械，有些造型我们在拼摆过程中还要刻意地改变或强化一下。例如，"孔雀开屏"中的孔雀屏在拼摆时就要刻意地夸大和强化，改变原有比例，展现出孔雀最美丽的地方，做到似像非像的效果，反而更有看点、更传神。因此，尺度与比例形式法则的应用不是死板的、教条的，需要根据实际情况灵活掌握。

3.6.5 节奏与韵律

节奏是一种合乎规律、有一定周期性变化的运动形式。节奏是事物正常发展规律的一种体现，也是符合我们人类生活需要的。如四季轮回、生老病死、喜怒哀乐、日出日落这些都是节奏的反映。

韵律则是把更多的变化因素有规律地组合起来加以反复形成的复杂而有韵味的节奏，例如好听的交响乐的节奏，是由演奏者的轻重缓急以及节拍的强弱和长短在运动中合乎一定规律交替演奏而形成的。它是比简单反复的节奏更为丰富多彩的节奏。

在冷菜造型中，节奏与韵律形式美主要是通过运用重复与渐次的方法来表现的。例如什锦拼盘就是利用重复的方法来表现节奏的。由此可见，重复表现节奏对于冷菜造型具有重要的价值和实践意义。

渐次是逐渐变化的意思，就是将一种或多种相同或相似的基本要素按照逐渐变化的原则有序地组织起来。如风味单碟冷菜造型中的牛肉卷、咸蛋黄鸡肉卷、紫菜卷等，都是利用相同原料按照渐次原理构成同心圆式馒头形造型，同样具有旋转向上、渐次变化的律动感。

渐变的形式很多，如形体上的、空间上的、色彩上的都表现出渐变形式。比如山体的拼摆从大到小的变化，海鸥的拼摆由远及近的变化，山体拼摆的颜色由浅到深的变化，无不显示出由渐变带来的韵律上的变化。可以毫不夸张地说，科学而合理地运用重复渐次的表现方法，可以淋漓尽致地表现节奏韵律，展现出动人心魄的美。

3.6.6 多样与统一

多样与统一又称和谐，是形式美法则的高级形式，是对单纯与一致、对称与均衡、调和与对比等其他法则的集中概括。老子曾说过"道生一，一生二，二生三，三生万物。万物负阴而抱阳，冲气以为和"，表达了万物统一于一以及对立统一等朴素的辩证法思想。公元前6世纪，古希腊毕达哥拉斯学派最早发现了多样统一法则，认为美是数量的比例关系产生的和谐，和谐是对立统一的规律。把和谐解释为物质矛盾中的统一。

所谓多样，是指整体中包含的各个部分在形式上的区别与差异性；所谓统一，则是指各个部分在形式上的某些共同特征以及它们相互之间的联系。

多样与统一是冷菜造型所具有的特性，且在具体的冷菜造型中得到具体的表现。表现多样的方面有形状的大小、方圆、高低、长短、曲直、正斜等，气势的动静、聚散、徐疾、升降、进退、正反、向背、伸屈、抑扬等，质感的刚柔、粗细、强弱、润燥、松紧等，颜色的红、黄、绿、紫等，这些对立因素统一在具体的冷菜造型中，合规律性又合目的性，创造了高度的形式美，形成了和谐。

为了达到多样与统一，德国美学家里普斯曾经提出了两条形式与原理，这对冷菜造型来说很实用。一是通相分化原理，就是每一部分都有共同的因子，是从一个共同的因子分化出来的。比如"孔雀开屏"，其翎羽分数层并有很多花纹，但每一层的每一片羽毛都有共同的或者相似的形态——椭圆形弧形刀面。每个相同椭圆形弧形刀面相连接构成每层相同起伏的波状线，但每层之间波状线的起伏又是不完全相同的；每层的每个椭圆形弧形刀面的纹样相互之间是相近的，但又是不完全相同的。由此可见，一个造型的各部分把一个共同的因子分化出来，分化出来的每一部分虽然都有共同的因子，但它们之间又存在一定的变化，这种既相似又不完全相同的因子构成了冷菜的整体，这就是通相分化。

二是君主制从属原理，也就是中国传统美学思想中所说的主从原则。这种形式原理，要求我们在冷菜造型构图的设计过程中，设计出各部分之间的关系不能是等同的，要有主要部分和次要部分的区别。主要部分具有一种内在的统领性，其他次要部分要以它为中心，并从属于它，就像臣子从属于君主一样，并从多方面展开主体部分的本质内容，使冷菜造型构图的设计富有变化、丰富多样；而次要部分具有一种内在的趋向性，这种趋向性又可以使冷菜造型显出一种内在的聚集力，使主体部分在多样丰富的形式中得到淋漓尽致的展现。也就是说，次要部分往往在其相对独立的表现中起着突出和烘托主体部分的作用。因此，主与次是相比较而存在，相协调而变化；有主才有次，同样，有次才能表现出主，他们相互依存，矛盾而又统一。在实际的冷菜拼摆造型中，这种形式展现的例子数不胜数，如"百花争艳""百鸟朝凤"等，这些冷菜造型中，主次分明而又统一、协调。

多样与统一是在变化中求统一，统一中求变化。如果没有多样性，就见不到丰富的变化，冷菜造型就会显得呆滞单调，没有统一性，看不到规律、目的，显得杂乱。因此，只有把多样与统一两个相互对立的方面完美结合在一个冷菜造型中，才能达到完美和谐的境界，才能展现出冷菜造型的艺术效果和价值。

 ## 任务7　冷菜造型拼摆实例

3.7.1　美味肘花

1）用料
卤熟的肘子肉、法香、心里美。

2）拼摆流程
将卤熟的肘子切片，下面放两排，上面放一排，最后点缀上法香和雕刻好的心里美花即可。

图3.2　美味肘花1

图3.3　美味肘花2

图3.4　美味肘花3

图3.5　美味肘花4

3.7.2 茄汁鱼块

1）用料

茄汁鱼块、蒜香荷兰豆。

2）拼摆流程

①将煮熟处理调味好的荷兰豆摆半圆。

②将制熟的茄汁鱼块放在中间即可。

图3.6 茄汁鱼块

3.7.3 八宝罗汉肚

1）用料

熟的八宝罗汉肚、心里美。

2）拼摆流程

①将煮熟的八宝罗汉肚晾凉切片，垫底，摆成鱼鳞形状。

②用心里美切片编花，搭配在一起即可。

图3.7 八宝罗汉肚

3.7.4　盛开的花朵

1）用料

黄瓜、西红柿。

2）拼摆流程

①将黄瓜皮刻成叶子形待用。

②将西红柿侧立起来，用刀从一头轻轻切入，一边滚动西红柿，一边将刀向前推，西红柿转一圈后，西红柿皮就片下来了。

③将片好的西红柿顺时针卷起来，边卷边整形，最后形成一朵花形即可。依次卷好六朵待用。

④如图组合即可。

图3.8　盛开的花朵

3.7.5　陡峭的山峰

1）用料

方火腿、蒜香西兰花、黄瓜、芹菜叶、西红柿花、腌胡萝卜、糖醋心里美等。

2）拼摆流程

①将方火腿、黄瓜、腌胡萝卜、糖醋心里美切成长方形待用。

②将所有原料组合在一起，摆成山峰的样子。

③点缀蒜香西兰花、西红柿花和芹菜叶即可。

图3.9　陡峭的山峰

3.7.6 海南风光

1）用料

蛋黄糕、青笋、心里美、黄瓜、西兰花、火腿、基围虾、酱牛肉、琼脂、土豆泥等。

2）拼摆流程

①先将琼脂按比例化开，加入胡萝卜汁调成橙色待用。取大圆盘一个，将化开调好色的琼脂水轻轻倒入大圆盘中冷却待用。

②将黄瓜片皮腌制待用。

③将其他原料打好底坯待用。

④土豆泥在打好的琼脂底端垫底，用来拼摆地坪所用。

⑤将其他原料切成薄片，按预先构思好的顺序将所有原料依次摆成地坪待用。

⑥用黄瓜和黄瓜皮摆成椰子树待用。

⑦装饰和点缀小草、远山、水波、海鸥、椰子果实、太阳等，完成点缀即可。

图3.10　海南风光

3.7.7 扬帆起航

1）用料

蛋白糕、腌胡萝卜、糖醋心里美、火腿、熏豆腐干、蛋黄糕、酱牛肉、黄瓜、皮冻、土豆泥或豆腐等。

2）拼摆流程

①土豆泥垫底成船形待用。

②将蛋黄糕、糖醋心里美、腌胡萝卜切成宝剑形的坯子，再切成片依次拼摆船帆。拼好后，用黄瓜皮切成细线连接船帆。

③用土豆泥垫底做地坪，将其他原料切片摆成小岛和山形。

④用蛋白糕切细条摆出船舷。

⑤用蓝色的皮冻切成不规则的片形做成海浪，整个扬帆起航的拼盘就完成了。

图3.11　扬帆起航

3.7.8　迎客松

1）用料

腌胡萝卜、糖醋心里美、蒜泥黄瓜、葱香西兰花、广东腊肠、蛋白糕、酱牛肉、土豆泥等。

2）拼摆流程

①用土豆泥垫底，腌胡萝卜、糖醋心里美、蒜泥黄瓜、蒜泥黄瓜蒂、葱香西兰花、广东腊肠切片，在土豆泥垫好的底上拼摆出山形。

②用酱牛肉拼摆出迎客松的树干。

③用蒜泥黄瓜拼摆出迎客松的树叶。

④用蒜泥黄瓜蒂切片拼出远山。

⑤用蛋白糕切细条拼出云彩，用糖醋心里美切圆片做成太阳。

图3.12　迎客松

3.7.9　金鸡独立

1）用料

盐水虾、蒜香火腿肠、蛋白糕、蛋黄糕、火腿肠、五香酱牛肉、腌胡萝卜、糖醋心里美、黄瓜、葱油西兰花、椒香青笋、琼脂、土豆泥等。

2）拼摆流程

①琼脂化开打底冷却待用。

②用腌胡萝卜雕刻鸡头待用。

③用土豆泥垫公鸡身体的底待用。

④用蒜香火腿肠、腌胡萝卜、火腿肠、蛋黄糕、蛋白糕、盐水虾、葱油西兰花等拼摆出地坪待用。

⑤用黄瓜皮切出鸡尾的尾羽，用腌胡萝卜、火腿肠、蛋白糕、蛋黄糕、椒香青笋、糖醋心里美切片拼出鸡的身体羽毛和翅羽。

⑥用五香酱牛肉刻出鸡爪待用。

⑦将鸡头和鸡爪组合在鸡的身体上即可。

图3.13　金鸡独立

3.7.10　荷韵

1）用料

蒜薹、蛋白糕、蛋黄糕、黄瓜、腌胡萝卜、法香、糖醋心里美、香肠、火腿、卤猪肝、土豆泥、椒麻青笋。

2）拼摆流程

①用土豆泥垫底，用蛋黄糕、蛋白糕、糖醋心里美、火腿、椒麻青笋切片拼摆出荷叶，用糖醋心里美拼出未开放的荷花苞，用烫过的蒜薹做荷茎待用。

②用蛋黄糕、蛋白糕、糖醋心里美、火腿、椒麻青笋、香肠、卤猪肝切片拼摆出地坪，用法香点缀。

③用黄瓜皮刻出荷韵两字待用。

④用椒麻青笋、腌胡萝卜刻出两只河虾待用。

⑤将字和虾点缀到盘中即可。

图3.14　荷韵

3.7.11　盛开的马蹄莲

1）用料

盐水虾、蒜香西兰花、蒜薹、腌胡萝卜、火腿、香肠、白萝卜、青笋等。

2）拼摆流程

①用白萝卜切片卷成马蹄莲形状，用腌胡萝卜做成花蕊。

②用蒜薹做花茎。

③盐水虾、蒜香西兰花、腌胡萝卜、火腿、香肠、青笋切片拼成地坪即可。

图3.15　盛开的马蹄莲

3.7.12　雄鹰展翅

1）用料

黄瓜、卤猪肝、蛋白糕、蛋黄糕、腌胡萝卜、酱牛肉、皮蛋、黄瓜卷、土豆泥等。

2）拼摆流程

①土豆泥垫底鹰的翅膀和身体待用。

②用卤猪肝刻出鹰的头，用腌胡萝卜刻出鹰的爪子待用。

③用酱牛肉、蛋白糕、蛋黄糕、皮蛋、黄瓜、腌胡萝卜切成柳叶片，依次拼摆出鹰的体羽和翅羽。

④用黄瓜卷摆出一朵花，用黄瓜皮刻一个花茎，组合在一起即可。

⑤将鹰头和鹰爪组合在鹰的身体上即可。

图3.16　雄鹰展翅

3.7.13　白鹤亮翅

1）用料

皮蛋、蛋白糕、蛋黄糕、黄瓜、水法紫菜、麻辣青笋、腌胡萝卜、盐水虾、土豆泥等。

2）拼摆步骤

①土豆泥垫底白鹤的身体和翅膀。

②用麻辣青笋刻出鹤的头颈和鹤的爪子，用腌胡萝卜刻出鹤的嘴巴。

③用皮蛋切片摆出鹤的尾羽，用蛋白糕切片摆出鹤的身体羽毛，用水法紫菜装饰身体和脖颈连接处的羽毛以及腿的上半部羽毛。

④用蛋黄糕、腌胡萝卜、黄瓜切片摆出鹤的翅膀。

⑤用腌胡萝卜、黄瓜、蛋白糕、盐水虾、皮蛋、蛋黄糕拼摆出地坪和花草。

⑥将鹤的脖子、头、爪子组合在鹤的身体上即可。

图3.17　白鹤亮翅

1. 简述冷菜拼摆的分类、方法及原则。
2. 简述冷菜拼摆的步骤。
3. 简述冷菜造型的艺术规律。
4. 简述冷菜造型美的形式法则。

食品雕刻工艺

【知识目标】

1. 了解食品雕刻的概念。
2. 掌握食品雕刻的步骤。
3. 了解食品雕刻的原料性质和特点。
4. 掌握食品雕刻的各种方法。
5. 了解食品雕刻的作用。

【能力目标】

通过本项目的学习，懂得和掌握食品雕刻的技术关键，能举一反三，触类旁通；能熟练地进行各种食品原料的雕刻；树立严谨的食品雕刻理念、能量化标准及有一定的创新食品雕刻的能力。

从狭义上讲，食品雕刻是创造出来的物体形象。它不同于热菜造型，因为热菜造型是将原料经专门刀工加工后烹熟，而食品雕刻的原料一般不进行热处理，使用的刀具及刀法也与前者不同。

雕刻经长期的发展，已形成自己独特的风格，其特点包括以下几点：一是制作的速度快，一般没有长期保留价值，这主要是由原料所决定的；二是其成品能超出原料自身的体积，如牡丹花由于花瓣向外翻卷，其外圆直径能超出原料直径的一倍，瓜灯能通过环扣的连接，使上下两部分分离数厘米之长；三是可通过原料的变形，即利用重力的作用使花瓣自然翻卷，使雕刻出的花卉更加逼真；四是色彩丰富，不但有玉雕的透、牙雕的白，而且还具有花卉的艳丽色彩。

从食品雕刻特有的造型手法，可将其分为花卉雕刻、动物雕刻、建筑物雕刻、器物雕刻和瓜盅、瓜灯五大类。

 **任务1　食品雕刻概述**

4.1.1　食品雕刻的应用范围

在大型宴会上食品雕刻主要是用来美化环境、渲染气氛的。中餐的大型宴会一般使用直径1.8～2米的圆桌（特殊接待宴会圆桌可能更大），由于桌面直径大，若中间摆放菜肴客人不便拿取，因此要在桌面中间摆放用食品雕刻组成的花台。另外，食品雕刻在厨师等级鉴定和大型雕刻比赛中也时常出现。

食品雕刻的运用非常灵活，但特别要注意的是宴会性质、级别及来宾的风俗习惯等，同时还要注意艺术效果。

4.1.2　食品雕刻的作用

食品雕刻不同于木雕、玉雕、石雕等其他雕刻，它不是单纯的工艺品，也不是孤立地供人观赏，而是与菜肴结合起来，让人们在观赏的同时食用。食品雕刻的作用概括起来有以下几点：

1）装饰点缀作用

我们常可以看到画家在画人物画时，喜欢在旁边画些花草、树木或题字，目的在于使画面有生气，不呆板，起到烘托作用。食品雕刻的作用也同样如此。例如，一盘酱红色炒猪肝或一只栗色的烧鸡，盛装在盘中总不免有些单调、呆板、暗淡，若放上一朵食品雕刻的花卉，便会生机盎然，鲜亮明快，惹人喜爱。有些菜肴容易杂乱，如果放上食品雕刻点缀，便能把它们统一起来，使其形色兼备。食品雕刻在点缀方面的作用很大，可以说大部分食品雕刻都是为了点缀菜肴而制作的。

2）辅助补充作用

有些花式冷菜和花式热菜，如"龙凤呈祥""凤凰里脊""孔雀鳜鱼"等，若不借助食品雕刻，用简单的刀法处理原料，那就很难做出龙头、凤凰头和孔雀头，整个菜肴的形象就会失去完整性。因此，食品雕刻在菜肴中的补充作用不可忽视，合理使用能使菜肴形象更生动，色彩更艳丽。

点缀与补充的区别：一般来说，需要补充的菜肴，食品雕刻必不可少，少了则会破坏整个菜肴的形象；而需要点缀的菜肴，就不一定非要食品雕刻不可，只是用了食品雕刻能使菜肴锦上添花，更鲜明，即使不用食品雕刻，菜肴依然有其自身的形色，不会影响其完整性。

3）盛装食物作用

各类食雕瓜盅，如西瓜盅、冬瓜盅在菜肴中的主要作用是取代盛器，以此美化器皿，增加菜肴的形象感和艺术性。例如，一盆水果或一盆甜羹，盛装在瓜盅与盛装在大盆内就给人两种截然不同的感觉。一般认为，盛在盆中的平凡无奇，而盛在瓜盅中的会身价倍增。由此看出，食品雕刻代替食品盛器盛装菜肴，能收到良好的效果，有一种味外之美的感觉。

任务2　食品雕刻的步骤

4.2.1　命题

命题就是明确雕刻作品的题目，做到意在刀先，胸中有数，通常是根据宴席主题选择写生的素材，精心设计造型，一般食品雕刻应注意以下3点：

①雕刻作品要尊重民族风俗习惯以及宾客的喜好和厌忌。例如，在我国，结婚宴席常采用"龙凤呈祥""鸳鸯戏荷"等造型；为老人举办寿宴，常用"松鹤延年"等作品为雕刻题目。用于国际交往的宴席雕刻作品，必须先了解宾客的民族习惯。例如，日本人忌用荷花，法国人忌用黄色的花等。

②雕刻作品要具有积极、理想的意义和艺术性。例如，我国国宴招待外国宾客，选用"百花齐放""友谊长青"为题材比较合适，这样能体现出热烈欢迎和友谊长存的含义。

③雕刻作品题目要有季节性。例如，雕刻花卉，四时品种不相同，一般要求应时，也可根据需要打破常规。如冬天雕刻春天的花卉，就会令人感到春意盎然。

4.2.2　选料

选料就是根据题目和雕刻类型选择适宜的原料，如哪些原料适合雕刻哪些雕品或雕品的哪些部位，必须心中有数，做到大材大用，小材小用，使雕刻作品的色彩和质量都臻上乘。如"百花齐放"，花瓶可用胡萝卜、白萝卜、心里美和南瓜等原料雕刻成各色各样的花朵，南瓜也可雕刻成花瓶，两者组合为一体，以达到形象逼真的效果。

4.2.3　定型

定型就是根据作品的主题思想和使用场合决定作品类别，然后选择整雕、凹雕或组合雕等形式。

4.2.4　雕刻

以上步骤完成后即准备下刀雕刻，这一步是雕刻成型的关键。根据设计的方案和草图，面对原料下刀要大胆细心，该大刀阔斧的地方要毫不怜惜地挖去，该精雕细刻的地方不要鲁莽。

一般雕刻的顺序是先在原料上画好底稿，刻出大轮廓，再进行精雕细刻。值得一提的是，要做食品雕刻，耐心很重要，但也不要太拘谨。长时间精雕细刻，会导致雕品脱水干瘪，影响雕品造型，也影响雕品卫生，故雕刻时间不能太长。

雕品没有雕刻感就不会给人以美的享受。作者应探索恰当的形式来充分体现雕刻，比如表现力，可利用粗、重、厚的面和线；表现静谧和惬意，可利用纤细轻巧的面和线；表现优美抒情，可多利用修长的曲线；表现强烈动感，应尽量利用大的斜线和明显的大小块体对比。作为一件雕品，应是体积感、空间感和运动感统一和谐的整体。从美学的观点来讲，和谐就是美。当然还应有所侧重，没有侧重，就没有风格。一件雕品应力求做到散整相同，疏密相济，曲直相破，粗细相调，光涩相补等。

4.2.5　布局

布局就是根据作品的主题思想、原料的形态和大小来安排作品的内容。首先应安排主体部分，再安排陪衬部分，要以陪衬部分烘托主体部分，使主题更加突出。如在雕刻"熊猫戏竹"时，就要考虑到每只熊猫的姿态、大小及翠竹的设置，使整个画面协调完美。

 # 任务3　食品雕刻的原料

食品雕刻一般都使用具有脆性的瓜果，也常使用熟的韧性原料。在选料时必须注意以下几点：脆性原料要脆嫩不软，皮中无筋，形态端正，内实不空，色彩鲜艳而不破损；韧性原料要有韧劲，不松散，便于雕刻。由于雕刻的原料种类繁多，在色泽、质地、形态等方面各有不同，雕刻时应根据作品的实际需要，适当选料，才能制作出好的雕刻作品来。

常用的食品雕刻原料特性及用途如下：

4.3.1　萝卜类

1）红、白萝卜

肉质细嫩，色白，网纹细密。长15～20厘米，圆直径6～8厘米。用途较广，可雕刻各种萝卜灯、人物、动物、花卉、盆果、山石等。

2）青萝卜

肉质细嫩，皮色青，肉绿色，网纹较细。长15～18厘米，圆直径6～8厘米。可雕刻小鸟、草虫、花卉及小动物等。

3）心里美

肉质细嫩，皮色青，肉色红。长15～20厘米，圆直径10～15厘米。可雕刻各种复瓣花朵，如红牡丹花、月季花等。

4）洋花萝卜

肉质细嫩，皮色红艳，肉白色，形态圆而小，圆直径约2厘米。可雕刻各种小型花朵，如桃花等。

5）黄胡萝卜

肉质略粗，皮、肉均为黄色，呈长条形。长约12厘米，圆直径约3厘米。可雕刻装饰性圆柱、迎春花等。

6）红胡萝卜

肉质略粗，皮、肉均为红色，呈长条形。长约12厘米，圆直径约3厘米。可雕刻各种小型花朵及装饰性圆柱。

4.3.2 薯类

1）马铃薯

肉质细嫩，外皮呈褐色，肉白或白中带黄，呈椭圆形。圆直径6～9厘米。可雕刻各种小动物。

2）甘薯

肉质较老，皮色略红，肉色微黄。体型较大，长约20厘米，圆直径约10厘米。可雕刻各种动物，如马、牛等。

4.3.3 芜菁

肉质较老，皮色青中带白，茎路较多，肉色白，体型较大。长约15厘米，圆直径约18厘米。可雕刻小型建筑物和各种动物。

4.3.4 球形甘蓝

肉质略粗，肉色绿，皮色青，多茎路，呈球形。圆直径约12厘米。可雕刻各种鱼类动物。

4.3.5 番茄

肉质细嫩，色泽鲜艳，有橙、红颜色，呈扁圆形。圆直径3～8厘米。可雕刻各种单瓣花朵，如荷花等。

4.3.6 辣椒

有尖头、圆头辣椒，嫩时绿色，老时红色。尖头辣椒可雕刻石榴花等，圆头辣椒可雕刻玫瑰花叶等。

4.3.7 瓜类

1）冬瓜

皮色青，肉色白，肉质细嫩，呈椭圆形。长15～40厘米，圆直径8～25厘米。小冬瓜可雕刻冬瓜盅，大冬瓜可雕刻平面镂空装饰图案等，专供欣赏。

2）西瓜

皮有深绿、嫩绿等色，瓜瓤有红、黄等色，呈圆形或椭圆形。用于雕刻的西瓜，圆直径15～20厘米，如雕刻西瓜灯、西瓜盅等。

3）番瓜

皮有橙、绿等色，瓜肉橘红色，肉质细嫩，呈椭圆形。长约80厘米，圆直径约12厘米。可雕刻各种人物、动物、建筑等。

4）南瓜

皮、肉均呈橙色，肉质脆嫩，呈扁圆形。圆直径约20厘米。可雕刻南瓜灯等。

4.3.8 水果类

1）苹果

肉质软嫩，肉色淡黄，皮有红、青、黄色，呈圆形。圆直径7～10厘米。可雕刻各种装饰花朵、鸟，也可做苹果盅。

2）梨

肉质脆嫩，色白，皮色青、黄，呈椭圆形。圆直径约6厘米。可雕刻佛手花、梨盅等。

4.3.9 蔬菜类

1）茭白

肉质细嫩，色泽洁白，皮绿色，呈长条形，长约18厘米。圆直径约3厘米。可雕刻小花朵，如白兰花、佛手等。

2）荸荠

肉质脆嫩，色泽洁白，皮褐色，呈扁圆形。圆直径约3厘米。可雕刻宝塔花等。

3）白果

肉质软嫩，色黄绿，皮色淡黄，又硬壳，呈椭圆形。圆直径约1.5厘米。熟白果去壳可雕刻蜡梅花。

4）樱桃

肉质细嫩，色泽鲜红，呈椭圆形。圆直径约1.2厘米。可雕刻红梅花等。

5）冬笋

肉色淡黄，质地脆嫩，呈圆锥形。长约10厘米，圆直径约6厘米。可雕刻小竹桥等。

6）莴笋

肉色嫩绿，质地脆嫩，皮色淡绿，有茎格，呈长条形。长约24厘米，圆直径约3厘米。可雕刻各种小型花朵和草虫，如喇叭花、螳螂等。

7）生姜

肉色嫩黄，质地较粗，皮色淡黄。可雕刻山石、金鱼等。

8）大白菜

叶黄梗白，质地脆嫩，呈椭圆形。长约28厘米，圆直径约15厘米。可雕刻直瓣菊花等。

9）洋葱

肉色白中带红，质地脆嫩，呈扁圆形。圆直径约6厘米。可雕刻各种复瓣花朵，如荷花等。

10）紫菜头

肉质较老，皮、肉紫红色，呈球形。圆直径约12厘米。可雕刻各种花朵，如月季花等。

4.3.10 蛋类

煮熟去壳的鸭蛋，蛋白细嫩，可雕刻花篮等；煮熟去壳的鸡蛋，蛋白细嫩，可雕刻小白鹤、熊猫、小白猪等。

1）蛋黄糕

蛋黄糕是用鸡蛋黄加盐等调味料蒸熟，呈块形。蛋质有韧性，色泽金黄。用途较广，可雕刻人物、花卉、动物等。

2）蛋白糕

蛋白糕是用鸡蛋清加盐等调味料蒸熟，呈块形。蛋质细腻，色泽洁白。可雕刻人物、花卉、动物等。

3）黑白蛋糕

黑白蛋糕是用鸡蛋清、皮蛋小丁加盐等调味料蒸熟，呈块形。蛋质有韧性，色黑白。可雕刻各种宝塔等。

除了上述常用的雕刻原料外，还有很多水果类、藻类、菌类原料，有的为了雕刻大型雕品，可采用黄油、冰块等，根据各种原料的质地、颜色和用途适当运用。

任务4　食品雕刻的刀具及其适用范围

食品雕刻的工具没有统一的规格和样式，它是雕刻者根据实际操作的经验和对作品的具体要求，自行设计制作的。由于不同地区的厨师雕刻手法不同，因此在工具设计和要求上也有所不同。下面介绍的刀具大部分是定型刀具，而且市场上都有售。

一般常规食品雕刻的刀具有平口刀、直刀、斜口刀、圆口刀、V形刀、圆柱刀、宝剑刀、圆珠控刀、勺口刀、模型刀等。

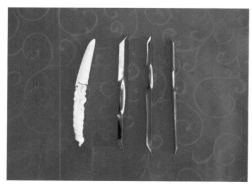

图4.1　雕刻刀1

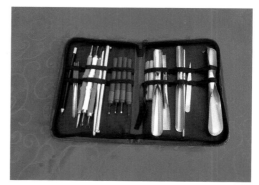

图4.2　雕刻刀2

4.4.1　平口刀

在雕刻过程中平口刀的用途最为广泛，常用于削切物体大型轮廓，也适用于雕刻有规则的物体，如几何形物体和雕品底座。平口刀的刀长35～40厘米，宽3～5厘米。

4.4.2 直刀

直刀在雕刻中多适用于整雕和结构复杂的雕刻作品，其使用灵活，用途广泛，刀刃长7厘米，宽约1.2厘米，刀尖角度为30°。

4.4.3 斜口刀

斜口刀又称尖口刀，这种刀的刀刃有斜度，刀口呈尖形，根据其斜度大小，可分为两种类型：一种为大号斜口刀，刀刃长度为3.8厘米，刀刃宽2厘米；另一种为小号斜口刀，刀刃长度为3.8厘米，刀刃宽1.2厘米。尖口刀多用于绘制图案线条。

4.4.4 圆口刀

严格地说，这种刀具应称半圆口刀，刀身呈半圆桶状。圆口刀有两种：一种两头均有刀刃，刀身长12厘米，用以雕刻鱼纹和羽毛；另一种是刀的一端有刀刃。按圆口的直径分，从2～10毫米，每差1毫米为一把，一般每套9～10把，刀身长约50毫米。小圆口刀多用于堆切线条及花鸟羽毛，大圆口刀多用于镂空和剔挖原料。

4.4.5 V形刀

刀刃呈V字形，刀身约长50毫米。两边刀刃的长度及字形的开口处长度均相等，一套三把，即3毫米、5毫米、7毫米。广泛用于雕刻不同的花瓣和槽痕。

4.4.6 圆柱刀

刀身是一头粗、一头细、中间空的圆筒形。两头都有刀口，主要用作雕刻花蕊、色眼等。

4.4.7 宝剑刀

宝剑刀的刀刃呈宝剑形，两头均有刀刃，刀刃一头宽2毫米，另一头宽4毫米。宝剑刀常用于雕刻西瓜灯的环和花蕊。

4.4.8 圆珠控刀

刀身两头均有刀刃，刀刃呈半球形，一头刀刃圆直径1厘米，另一头刀刃圆直径1.5厘米，用于控削呈圆球形的瓜果。

4.4.9 勺口刀

刀身一头有刀刃，刀刃呈勺口形，刀身长12厘米，刀刃圆直径1.5厘米，可作为控削瓜

果内瓤。

4.4.10　模型刀

模型刀是根据各种动植物的形象做成的空心模型。操作时只要将其在原料上一压，就可取得一块片状的成型原料，也称平雕。

除上述各种雕刻工具外，还有镊子、剪子等其他特种工具，每种工具都有特殊的用途。刀具使用后应擦洗干净，防止生锈，并分类保管，以免互相碰撞，损坏刀口。刀具还要经常磨，保持刀口锋利、光滑。

 任务5　食品雕刻的种类、刀法与手法

4.5.1　食品雕刻的种类

1）整雕

整雕就是用一大块的原料雕刻成一个完整的、独立的立体形象，如"鲤鱼跃水""喜鹊登梅""寿星老人""鲜艳花朵"等。它的特点是依照实物，独立表现完整形态，不需要辅助支持而单独摆设，造型的每个角度均可供观赏，具有较强的表现力，生动形象，令人赏心悦目。

2）零雕整装

零雕整装是分别用几种不同色泽的原料雕刻成某一物体的各个部件，然后集中装成完整的物体。其特点是色彩鲜艳，形态逼真，不受原料大小的限制，如"百花争艳""孔雀开屏"等。

3）凸雕

凸雕又称浮雕、阳纹雕，就是在原料表面上刻出向外突出的图案。凸雕可按凸出程度分为高雕、中雕、低雕，三者之间无明显的界限。一般凸雕部分超过基础部分一半的称高雕，不超过基础部分一半的称中雕，低雕所雕出的物体形象与中雕相比，凸出部分又略低一些，如西瓜盅、冬瓜盅等。

4）凹雕

凹雕又称阴纹雕，其所雕刻的花纹正好与凸雕相反，是用刀具把画在瓜皮上的图形刻成凹槽，以物品表面上的凹槽线条表现图案的一种方法。凹雕常用于雕刻瓜果表皮。

5）镂空雕

镂空雕就是将原料剜挖成为各种透空花纹的雕刻方法。这种方法常用于瓜果表皮的美化，如西瓜篮、西瓜灯等。

4.5.2　食品雕刻的刀法

食品雕刻所用的刀法是有特殊性的。因为各种食品雕刻的原料多种多样，所以必须要根据原料的性质和雕品的要求熟练地掌握各种刀法，这里将几种常用的刀法分述如下。

1）直刀法

（1）打圆

这种刀法通常用在雕刻之前的制坯阶段，即在下料后将其表面切削光滑并使之带有一定的弧度。刀具为大号直刀，以持刀手的拇指和食指捏住刀柄前的刀身，中指、无名指和小指握住刀柄，另一只手拇指和中指捏住原料两端。运刀时，用持刀食指第二关节抵住原料下部，拇指内侧要按在原料上，一半在刀上。持原料手的食指向顺时针方向推动原料转动，而运刀方向是逆时针，左右手配合，有一种内应力，同时运刀。

（2）直刻

直刻是雕刻花瓣的一种方法，刀具为直刀。用一只手除拇指外的四个手指握住刀柄、刀背，即刀柄的上端夹在四根手指的第二关节处，刀刃向下，用另一只手的拇指和其余的四根手指捏住原料的上下两端。运刀时，持刀手的拇指按在原料下端，并与持原料手的拇指抵住，运刀方向向下，雕刻一般使用中部刀刃。

（3）旋刻

旋刻与直刻很相似，亦用于花瓣雕刻，也采用直刀。与直刻不同之处在于，旋刻时刀尖直对原料的底部，持刀手的拇指要按在原料上，运刀方向为逆时针，雕刻时一般用前部的刀刃。该方法一般用于较宽的花瓣雕刻。

2）圆口刀法

圆口刀的持刀方法和握钢笔的方法相同。

（1）叠片刻

这种刀法用于雕刻较小的花瓣，如梅花花瓣。其步骤是刻花蕊→去料→刻花瓣→去料→刻花瓣。第一步是将圆口刀垂直入原料，转一周，退刀，刻好花蕊。第二步是去余料，将圆口刀倾斜一定角度进刀，与第一刀相交，去下一块余料，有几片花瓣就刻几块料，这时花蕊就显露出来，同时，花瓣的外形也形成了。第三步是刻花瓣，将刀对准刚才去料的刀痕，略后退一些，进刀（注意不要刻断），退刀。第四步是去料，将刀对准前一刀的刀痕，略后退一些，进刀，与前一刀相交，刻去料，这时第一层花瓣显露出来。以下再去料，刻花瓣，完成花朵雕刻。

（2）细条刻

一般用于雕刻细长条的花瓣或鸟的羽毛。花瓣的刻法基本上与叠片法的刀法相似，但在刻花瓣时，第一刀形成花瓣，第二刀不从花瓣处直接刻进，这样就可以凸出花瓣，而且花瓣由粗阔片变成较细的线条，如雕刻菊花。

（3）曲线细条刻

用半圆刀操作。刻法和细条刻相似，区别在于刻花瓣时，刀刃刻进原料不是直线，而是呈S形弯曲推进原料。这样所刻出的线条就成为曲线形，如雕刻卷瓣菊花。

3）翻刀刻法

翻刀刻的刀法可用于雕刻半开放的花朵或翘起的鸟类羽毛，常用的操作方法有两种：

（1）翘刀翻

一般是刻翘起的线条花瓣或鸟类羽毛。刻法基本上与细条刻相似，但在刻花瓣或羽毛的第二刀时，应将刀柄缓慢向上抬起，使瓣尖薄、瓣根厚，最后持刀深入原料内部，将刀轻轻向上翘，将刀拔出。刻好后放入水中浸泡，花瓣就会很自然地呈现出来。

（2）隔层翻

一般用于雕刻大型花瓣。先用叠片刻的方法将外层花瓣刻好2~3圈，然后在花瓣里面的四周刻掉一圈，使内部花瓣呈现出来，再在里层用较大的斜口刀刻大花瓣，其进刀深度不同，前一刀浅一些，后一刀深一些，这样就形成一朵外层开放，内层含苞待放的花朵。

4）排戳刻法

一般选用半圆口刀操作。将圆形或椭圆形原料两端削平，用半圆口刀在原料内部一刀紧连一刀地排戳成圆圈，使原料外层与里层分离。通常雕刻圆直径约3厘米，形状与宝塔相似的雕品，如荸荠宝塔花。

5）旋剪刻法

一般选用平口刀和剪刀操作。先将原料旋刻成花朵，再用剪刀逐层剪成尖形花瓣，如刻剪菊花。

6）平刻法

用平口刀或圆口刀操作。多用于较板实的原料，如蒸蛋糕等。先将原料削成长形或圆形，使原料两端平整，刀口一致，按作品形态加工成型，再切成片。平刻作品一般用于冷菜拼摆和热菜的配料等。

4.5.3　食品雕刻的手法

雕刻手法是指执刀时手的各种姿势。在雕刻过程中，执刀的姿势只有随着作品不同形态的变化而变化，才能表现出理想的效果，符合主题的要求。所以，只有掌握了执刀的方法，才能运用各种刀法雕刻出好的作品。常规的执刀手法有横刀手法、纵刀手法、执笔手法和插刀手法。

1）横刀手法

横刀手法是指右手食指横握刀把，拇指贴于刀刃的内侧，在运刀时，四指向下运动，拇指则按住所要刻的部位，在完成每一刀的操作后，拇指自然回到刀刃的内侧的手法。此手法适用于各种大型整雕及一些花卉雕刻。

2）纵刀手法

纵刀手法是指四指纵握刀把，拇指贴于刀刃内侧。运刀时，手腕从右至左匀力转动。此刀法适用于雕刻表面光洁、形体规则的物体，如各种花卉的坯形、圆形等。

3）执笔手法

执笔手法是指握刀的姿势形同握笔，即拇指、食指、中指捏稳刀身。此手法主要适用于雕刻浮雕画面，如瓜盅、瓜灯等。

4）插刀手法

插刀手法与执笔手法大致相同，区别是小拇指与无名指必须按在原料上，以保证运力准确，不出偏差。此手法主要适用于雕刻较规则的物体，如动物的鳞片、羽毛和花卉等。

任务6 食品雕刻技艺

4.6.1 花卉雕刻

花是真诚、善良、美好的象征，为世人所喜爱。食品雕刻的花卉雕刻应用范围最广，从大型宴会到家庭餐桌都可以用它来装点。

花卉雕刻是食品雕刻的基础，初学者在学习花卉雕刻的同时，可学习掌握一些造型艺术的基本知识和雕刻手法，为以后的整雕、瓜盅、瓜灯的制作以及雕品设计、创新打下一定的基础。

1）花卉雕刻的特点

①花卉雕刻要根据雕刻对象的颜色选择原料，一般都是利用原料自身的色泽和质地。

②在雕刻花瓣前，要先将原料制成一定形状的坯。

③雕刻的顺序一般是由外向里，或自上而下分层雕刻。

④雕刻花瓣有时要使花瓣薄厚不一，以便在雕刻后经水泡能自然翻卷。

⑤花卉雕刻的刀法较规则，一般采用直刀法、旋刻刀法、斜口刀法、圆口刀法和翻刀法。

⑥花卉雕刻的重点是花朵雕刻。枝干及花叶一般采用自然花卉的枝和叶，很少另外进行雕刻。

⑦在花卉组合、布局中，可借鉴插花艺术。

2）月季花雕刻实例

（1）主要原料

心里美、胡萝卜、白萝卜、青萝卜、土豆、南瓜等。

（2）雕刻工具

平口雕刻刀。

（3）制作步骤

①将心里美切半，修整成碗形，上下端各一个平面。

图4.3

②雕刻第一层花瓣，采用横卧刀法，雕出5片花瓣。

图4.4

③雕刻第二层花瓣，从第一层花瓣中间分出第二层花瓣，以此类推。

图4.5

④雕刻第三层花瓣。

图4.6 图4.7 图4.8

⑤雕刻第四层花瓣及花蕊。

图4.9

⑥整体修整。

图4.10

4.6.2 动物雕刻

在食品雕刻中，动物形态造型所占比例较大。每种动物的形态千变万化，我们只需抓住其中一瞬间的优美姿态作为雕刻对象，在雕刻前要以动物写生素材、资料为基础，了解各种动物的解剖结构、比例，区别不同种类动物特征。如雕刻畜类、兽类动物时，要了解其解剖结构，掌握在运动中动物脊柱的一般结构和弯曲规律，还要知道动物肌肉形成的一般形状，掌握肌肉的伸缩规律。从不同角度塑造形象时，心里要有一个三维立体的空间概念，把形象各部位的结构紧密连接起来，也可利用夸张、理想的手法进行设计创作。

在动物雕刻中，除了了解各种动物的特性外，更应注意"以形传神"和"以神传情"。有些动物要尽量避免形象本身的丑陋感，巧隐外露的厌恶状，"明知是动物，却要见人情"，托物喻理，以象表意，使动物以温、柔、雅、舒、闲、聪、灵的姿态出现，给雕品留下淳深含蓄、韵致俊逸的风采。

1）动物类雕刻的特点

①根据雕刻的主题形象选择雕刻手法，看是选择整雕、零雕整装、浮雕还是选择镂空刻。

②依据雕刻对象的性格、特点、动态大小选择原料。

③动物类雕刻一般采用整雕和零雕整装相结合的形式。

④雕刻动物类的顺序一般是整体下料，自上而下地逐步雕刻。

⑤动物类雕刻的刀法较为多样，常选用直刻、插刻、旋刻。雕刻时可根据对象灵活用刀。在体型结构的雕刻刀法上宁方勿圆。

2）龙的雕刻实例

（1）主要原料

南瓜、白萝卜、青萝卜、胡萝卜、香芋、红薯等。

（2）雕刻工具

平口刀、V形刀、U形刀、502胶水、砂纸等。

（3）制作步骤

①龙的头部雕刻。

A. 用牛腿瓜切一个梯形，前窄后宽，开出鼻翼。

B. 开出脑门及嘴型。

C. 雕出牙齿。

D. 雕出咬合肌肉及眼袋。

E. 去掉废料，使部分肌理突出。

F. 雕出数字型龙角。

G. 龙角用502胶水粘贴于龙头上。

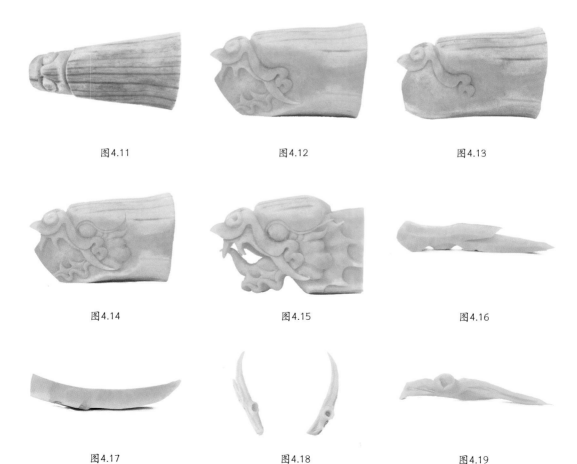

图4.11　　　　　　　　图4.12　　　　　　　　图4.13

图4.14　　　　　　　　图4.15　　　　　　　　图4.16

图4.17　　　　　　　　图4.18　　　　　　　　图4.19

图4.20

②龙的躯干部位雕刻。

A. 雕出龙的蛇形身体。

B. 雕出龙的鳞片、背鳍，雕出腹部。

C. 雕出狮子尾巴。

D. 粘接龙身固定于牛腿瓜上。

E. 加深龙鳞增加动感。

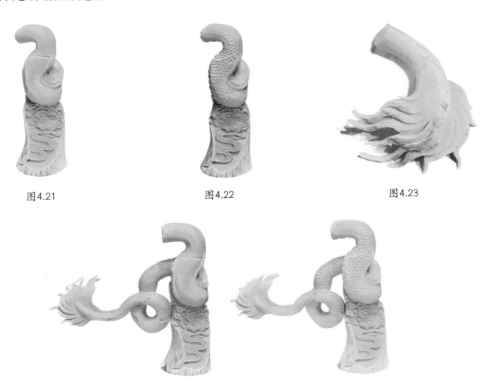

图4.21　　　　　　　图4.22　　　　　　　图4.23

图4.24　　　　　　　图4.25

③龙的四肢雕刻。

A. 雕出龙的肌肉和骨骼。

B. 雕出龙的腿部鳞片与大腿毛发。

C. 雕出龙的指骨肌肉与大腿肌腱。

D. 粘出龙的左右爪。

E. 粘出龙的指甲盖。

F. 雕出龙的大腿腿部鳞片与腿骨干。

G. 成品龙爪。

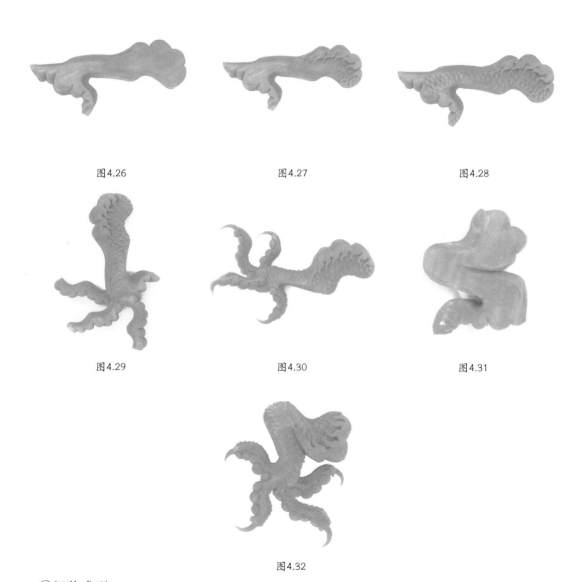

图4.26   图4.27   图4.28

图4.29   图4.30   图4.31

图4.32

④组装成型。

A. 粘接龙头。

B. 粘接龙爪，雕刻云朵即可完成。

图4.33　　　　　　　　　　　　　　　图4.34

3）马的雕刻实例

（1）主要原料

南瓜、红薯、香芋、胡萝卜等。

（2）雕刻工具

平口刀、V形刀、拉刻刀、502胶水、纱布等。

（3）雕刻步骤

①马头的雕刻。

A.选一块香芋的原料，大约定出马的身形。

B.开出马脸。

C.定出马的头型及脖子的肌肉。

图4.35　　　　　　　　　　图4.36　　　　　　　　　　图4.37

②马的躯干部位、四肢以及毛发、尾巴的雕刻。

A.定出马的身体结构。

B.定出马的胸部与背部。

C.雕出马鬃。

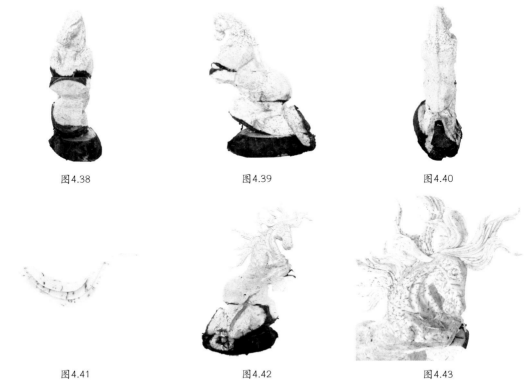

<table>
<tr><td>图4.38</td><td>图4.39</td><td>图4.40</td></tr>
</table>

图4.41　　　　　　　图4.42　　　　　　　图4.43

③组装及细节的雕刻。

A.雕出马的骨骼与肌肉。

B.细雕出马的眼睛、鼻孔、鬃发、腿部关节。

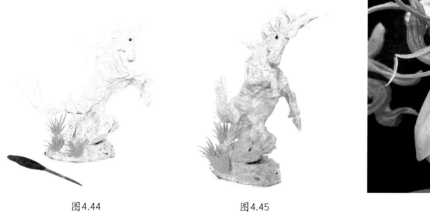

图4.44　　　　　　　图4.45　　　　　　　图4.46

图4.47

图4.48

4）孔雀的雕刻实例

（1）主要原料

萝卜类、南瓜类、香芋等。

（2）雕刻工具

手刀、拉刻刀、刻线刀、戳刀等。

（3）雕刻步骤

①孔雀的头颈部雕刻。

A. 用笔在原料上勾画出孔雀的头部轮廓。

B. 开出孔雀的头部与嘴形及鳞片。

C. 雕出孔雀的脖子，呈S形。

图4.49

图4.50

图4.51

②孔雀躯干、尾巴、羽毛的雕刻。

A. 开出孔雀的翅膀与翅膀上的羽毛，雕出鳞片与羽毛。开出孔雀的脸型以及腿部和身体的连接。

B. 雕出孔雀的头部头翎、翅膀羽毛。

C. 雕出孔雀的爪子和羽毛，即可完成。

图4.52

图4.53

图4.54

图4.55

图4.56

图4.57

③组装及细节的雕刻。

图4.58

图4.59

图4.60

5）凤凰的雕刻实例

（1）主要原料

胡萝卜、南瓜、青萝卜、香芋等。

（2）雕刻工具

手刀、拉刻刀、戳刀、刻线刀等。

（3）雕刻步骤

①头部及躯干的雕刻。

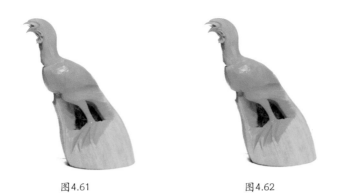

图4.61　　　　　　　　　　　　　　　图4.62

②翅膀及尾羽的雕刻。

图4.63　　　　　　　　　图4.64　　　　　　　　　图4.65

③组装及细节的雕刻。

A.用手刀开出凤凰的头部及尾巴。

B.用手刀和U形刀相结合雕出翅膀。

C.组合翅膀和尾巴即可完成。

图4.66　　　　　　　　　图4.67　　　　　　　　　图4.68

6）鹰的雕刻实例

（1）主要原料

胡萝卜、南瓜、香芋等。

（2）雕刻工具

手刀、U形刀、刻线刀等。

（3）雕刻步骤

①鹰头部的雕刻。

图4.69　　　　　　　　　　　　图4.70

②鹰躯干、鹰爪和翅膀的雕刻。

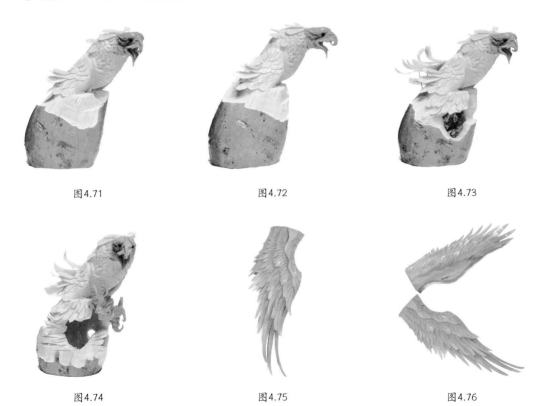

图4.71　　　　　　　图4.72　　　　　　　图4.73

图4.74　　　　　　　图4.75　　　　　　　图4.76

③组装及细节的雕刻。

A. 选一块南瓜雕出老鹰的嘴形。

B. 用刻线刀、手刀、U形刀，雕刻出老鹰的头部、身体及羽毛。

C. 组装老鹰的翅膀爪子即可完成。

图4.77　　　　　　　　　　　　　　　　图4.78

4.6.3　鱼虾类雕刻

鱼虾类雕刻作品小巧玲珑、趣味十足，雕刻的方法也比较简单。雕刻是起辅助和美化作用的。在我们的餐桌上有好多鱼虾类菜肴，因此鱼虾类雕刻应用到这类菜点的装饰上效果较好，能起到画龙点睛的作用。

不同鱼虾的区别主要是整体形态的不同，头部的变化以及鱼鳍形状的差异，而在具体的雕刻刀法和方法上基本是一样的。

鱼类的姿态包括摇头摆尾、跳跃、张嘴等，虾类的姿态相对来说简单一些，就是身体要自然地弯曲。

鱼虾类雕刻成品要求形态生动、逼真，比例协调，鱼鳞大小均匀，作品刀痕较少。

1）神仙鱼的雕刻实例

（1）主要原料

南瓜、胡萝卜、青萝卜、心里美等。

（2）雕刻工具

手刀、戳刀、V形刀、拉刻刀等。

（3）雕刻步骤

①选一块三角形南瓜。

②用手刀、U形刀雕出鱼嘴。

③用U形刀修出鱼肚子。

④用手刀雕出鱼的鳞片与鱼尾、鱼鳍。

⑤雕上假山小草，装上眼睛即可完成。

图4.79　　　　　　　　　　图4.80　　　　　　　　　　图4.81

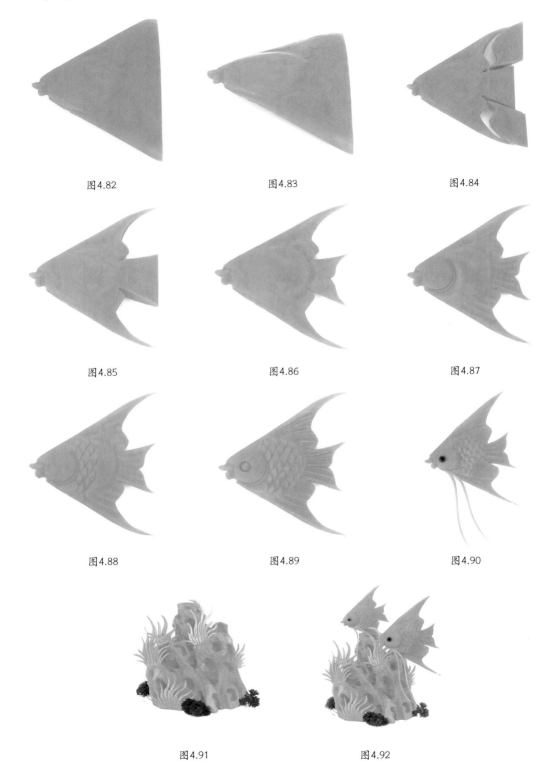

图4.82 图4.83 图4.84

图4.85 图4.86 图4.87

图4.88 图4.89 图4.90

图4.91 图4.92

2）虾的雕刻实例

（1）主要原料

胡萝卜、南瓜、青萝卜等。

（2）雕刻工具

手刀、U形刀、戳刀、拉刻刀等。

（3）雕刻步骤

虾的头长和身长是相等的，用手刀雕出虾枪、虾节、虾尾、虾腿、虾须，组合完成即可。

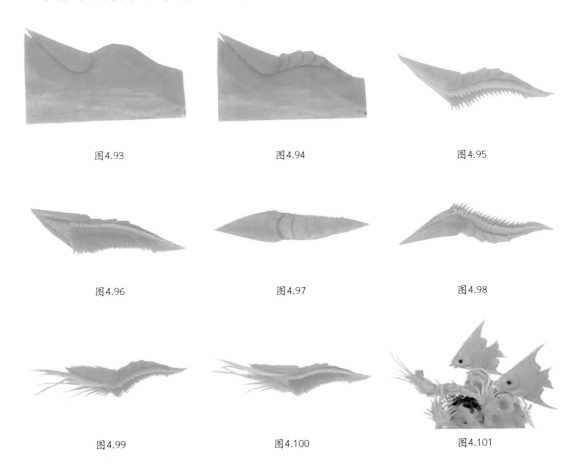

图4.93   图4.94   图4.95

图4.96   图4.97   图4.98

图4.99   图4.100   图4.101

4.6.4　瓜盅与瓜灯雕刻

1）瓜盅

瓜盅是食品雕刻中最受人们欢迎的品种，它不仅广泛运用于冷菜、花台，起到美化宴席的作用，而且还广泛运用于热菜之中。其作用是不仅能盛放菜肴，更能点缀菜肴和增添宴席气氛。很多初学者往往也从雕刻瓜盅入手掌握雕刻技法。

瓜盅的刻法有两种：一种是浮雕法，另一种是镂空法。其中应用得较多的是浮雕法，浮雕法又有两种形式：一种是阳纹雕刻，所雕刻的图案向外凸出；另一种是阴纹雕刻，所雕刻的图案向内凹陷。在具体雕刻时，刀法变化是很灵活的。同一个瓜盅可以有浮雕的阴、阳纹样，也可以有镂空纹样出现，其表现手法和内容多种多样，但只要掌握基本刻法，就可以创造出丰富多彩的作品来。

（1）瓜盅雕刻的基本要求

①适合雕刻瓜盅的原料，通常以体大、内瓤空的瓜类为主，如西瓜、冬瓜、南瓜、香瓜等，因为这些瓜表面富有较强的表现力。

②瓜盅雕刻所用的刀具主要有V形刀、圆口刀，也可以用直刀、斜口刀以及异形刀。

（2）瓜盅雕刻的步骤

瓜盅在果蔬雕刻中属刻画造型艺术，主要是利用瓜表皮与肉质颜色明显不同的特点，用深浅两种线条和块面在瓜表面组成画面和图案。瓜盅不仅在雕刻技法上要求较高，而且图案设计也至关重要，设计效果直接影响瓜盅的雕刻。

瓜盅主要由盅和底座两部分构成。盅又分盅体和盅盖。

瓜盅雕刻首先是设计与布局，制作者要根据瓜盅的结构特点和造型要求，从瓜盅的整体布局、主体设计、装饰点缀三方面进行构思。设计时，最好在纸上画出样稿，依据设计稿即可着手雕刻。

图4.102　　　　　　　　图4.103　　　　　　　　图4.104

图4.105　　　　　　　　图4.106　　　　　　　　图4.107

图4.108　　　　　　　　　　　　图4.109　　　　　　　　　　　　图4.110

2）瓜灯

在食品雕刻中，瓜灯的雕刻难度较大，程序较为复杂。瓜灯雕刻就是用特种雕刻工具，在西瓜、香瓜等瓜果表皮上运用各种不同的刀法，把瓜果雕刻成带有花纹图案和特种瓜环的宫灯形状。

瓜灯的雕刻，除在其表面雕刻出一些可向外凸出的图案外，还要雕刻出一些环和扣，使瓜灯的上部和下部离开一定的距离。这些环扣不但要起连接作用，而且形状要美观。雕刻完后挖去瓜瓤，瓜内置以灯具，可达到通室纹彩交映、别具奇趣的艺术效果。

（1）瓜灯雕刻的基本要求

①瓜灯雕刻可分为构思、选料、布局、画线、刻线、起环、剜瓤、突环、组装等步骤。

②选料、布局要根据构思，充分利用瓜灯的整体造型。

③线条要整齐划一，下刀要准确、均匀、平滑。剜瓤时要保持瓜壁厚薄一致。

④雕刻突环时要细心，以免碰断突环。

⑤突环雕刻完成后放入水中浸泡，使其发硬，便于整形。

⑥在应用的过程中，要不断喷水，以防干瘪、变形。

（2）瓜灯的雕刻方法

一般选用1～1.5千克的深绿色西瓜为原料，且要求西瓜体圆、表面光滑无斑迹、带瓜柄。

①依照圆规画圆的原理，用线和针在西瓜上画圆。第一道线距瓜柄约5厘米，第二道线与瓜柄相隔10厘米，第三道线与第二道线相隔约8厘米，第四道线与第三道线相隔约5厘米。先画四道线，再按顺序雕刻。

②在瓜蒂与第四道线内用刀刻团寿环；在第三道线与第四道线之间用刀刻锁壳环；在第二道线和第三道线之间用刀刻鸟、鱼、虫等图案；在第一道线和第二道线之间用刀刻窗环。

③用小号直刀，根据图案线条顺序雕刻。

④在窗环上口挖个圆洞，用勺口刀伸入瓜内，挖去瓤，接近瓜皮时不可用力过猛，以防戳破瓜皮。瓜壁的薄厚要均匀，以便装置灯时灯光透射均匀。

⑤用金属细丝戳进瓜柄旁，穿在窗环的瓜皮中，为防止金属丝脱落，可用火柴梗垫起。在瓜蒂上挂上灯穗，其形如宫灯。

⑥在雕刻好的瓜灯中心置灯具照明，也可在瓜皮内放上小蜡烛照明。

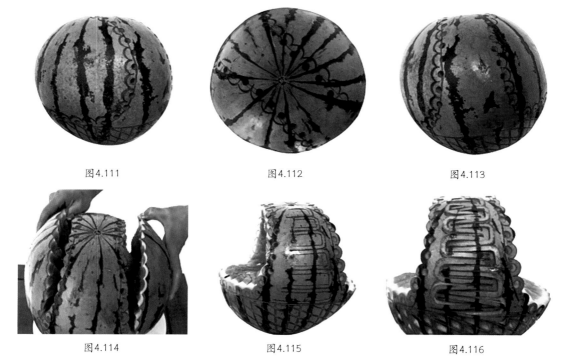

图4.111　　　　　　　　图4.112　　　　　　　　图4.113

图4.114　　　　　　　　图4.115　　　　　　　　图4.116

（3）瓜环的雕刻方法

①方格环。

A. 刻瓜环线条。用直刀雕刻，左手抓住原料，右手执刀，刀身略向外斜，刀刃垂直插入原料表皮约2毫米，依照瓜环线条向前推进。刻制时，要求用刀均匀，行刀平稳，深浅一致，粗细相等，线条缝隙光洁无毛口。

B. 起瓜环。用有弹性的小号直刀雕刻，用直刀将瓜环线条两边轻轻翘离原料里层，使原料表皮与里层脱离。然后斜着插入刀刃，刀深约2毫米，循环线条缓慢地向前推铲出瓜环。刻制时，刀身与原料接触角度约25°，行刀平稳，起出的瓜环厚薄一致，瓜环光滑不裂。

C. 挖瓤。用勺口刀剜挖，在瓜灯的上口刻一个圆洞，用勺口刀伸入内部，自上而下，逐层挖取原料内瓤，直至原料皮层。刻制时，要逐层向里剜挖，切忌操之过急，戳破皮层，损坏瓜环。

D. 切割。用镊子、直刀雕刻。将相对的两个瓜环用镊子挑起，两个瓜环相交，从里面的空隙中插进直刀，循线割穿皮层，使原料的表皮环相连接，离层分离。刻制时，切线光滑、准确、无遗漏。

E. 突环。用中指伸入瓜灯内壁，轻轻推出瓜环，使瓜环线条凸出于原料表皮。

②窗格环。窗格环是在方格的基础上多刻几道突环，形似窗格。雕刻方法同方格环。

③三角环、方形环、圆环。雕刻环形有所变化，但雕刻方法同方格环。

④双外突环。双外突环是在外突环的空余部分再雕突环，形成双层外突效果。其雕刻方法与外突环相同。

⑤内外突环。内外突环是指在外突环的中间雕刻相反方向的环，使中间部分向内突出。

内外突环雕刻方法如下：

    A. 先在瓜皮表面画上十字线。

    B. 画出环路。

    C. 起环，待剜瓤后，在环下按点画线所示将瓜壁切断，点画线框内即向内突。

<table>
<tr><td>图4.117</td><td>图4.118</td><td>图4.119</td></tr>
<tr><td>图4.120</td><td>图4.121</td><td>图4.122</td></tr>
</table>

    ⑥上下拉环。上下拉环是指在瓜的圆周上雕一些突环，使瓜上下或左右分而不断。上下拉环的方法如下：

    A. 先用笔在瓜表面画两条圆周线，确定宽度，然后画出宝剑环路。

    B. 用直刀画环路后起环。先将阴影所示部分的绿色表皮与下面的白色瓜皮刻开。

    C. 待剜瓤后，在环下按点画线所示，用刀将瓜壁切断，刻完后分成由环扣连接的上下两部分，最后将上下拉开。

<table>
<tr><td>图4.123</td><td>图4.124</td><td>图4.125</td></tr>
</table>

 图4.126　　　　　　　　　图4.127　　　　　　　　图4.128

任务7　食品雕刻在宴席中的应用

4.7.1　宴席中的雕品组合形式

食品雕刻多用于大型宴席和高档菜肴中。在大型宴席、酒会的中心花坛中，经常出现"松鹤延年""蛟龙戏凤""彩凤起舞""熊猫戏竹""孔雀争艳""花篮锦簇"等大型组雕。

在食品雕刻造型组合中，花卉组合较为常见，组合形式可分为自然式和图案式，这两种方法都是从插画艺术借鉴而来的。自然式是将同一种或同一季节的花卉按自然生长的形态组合在一起。图案式是把不同季节的花卉按一定的设计意图组合在一起。图案式的色泽要比前一种丰富多彩，且组合形式也较前者更灵活多样。目前，大多数宴会采用的是图案式组合。

食品雕刻组合形式灵活多样，不拘一格。下面对几组造型组合作简单介绍。

1）花台

花台常用于大型宴会桌面。前面提过，宴会使用的圆桌直径约2米，中间不宜放置菜肴。所以，在圆桌中部置一个花台不但可以补缺，还可以美化就餐环境，渲染宴会气氛，使人得到美的享受。花台的直径约1米，中间高，周围低。制作时可先用铁丝做一个中间高约20厘米的圆形骨架子，然后在上面铺一层冬青叶或其他植物的叶子，注意把铁丝架完全遮住。将事先刻好的花卉放在绿叶上。花台的中部可雕刻大型孔雀或人物。

2）花篮

花篮是食品雕刻组合中的常见形式，多用于餐桌上或餐厅休息室的茶几上。

花篮的篮筐是椭圆形竹筐，高度约为15厘米，花卉30朵左右。所用铁丝的长度为20～35厘米，数量与花朵数量相同。植物的叶子可用冬青叶或其他叶子代替。

先取几个萝卜放入篮中，以增加花篮的稳定性，注意使篮筐的底部高一些。然后用铁丝

112

的一端插上一朵花，另一端插入篮筐，最后将叶子插放在空隙处。

组合花篮时应注意所用的叶子不宜过多，防止只见绿叶不见花。另外，色彩艳丽的花朵放置的位置不要太集中。组合花篮可采用自然式，也可采用图案式。

3）风景

食品雕刻中的风景通常以盆景形式展现。盆景中的楼台亭阁、假山、水池、小桥以及花鸟虫鱼的组合变化，使各种雕刻造型相互辉映，错落有序。优美的造型不仅可起到扩大人们视线的作用，而且能让人领略到大自然的风光。

雕品盆景的布局一般根据平面形式分为对称式和自由式两类。

（1）对称式

盆景以对称的形态出现，其特点是明显体现空间轴线及对称状态。对称式的格局给人以庄重、严肃和平稳的感觉。中外古典景点基本采用这一格局。

（2）自由式

盆景以一种既有变化又有规律的、不对称均衡的形态出现。它是由一种不明显的空间轴线来支配室内各个部分的布局，这种布局给人的感觉是既活泼轻松又亲切自然。

在雕品盆景的制作中，首先要选好圆形或长方形的大餐盘，也可根据宴席的规模设计定做餐盘。然后用南瓜或萝卜刻出山石形状。其中，台阶、拱桥互相穿插连接。将宝塔插放在山石的高处，再在景点的平面处雕刻一组形态各异的仙鹤，插在亭阁造型的周围。四周插放一些松枝和小花点缀。最后在盘里加少许清水，水平面上点放萝卜雕刻的小白鹅，即可完成盆景造型。

4.7.2 雕品在菜肴中的应用

在高档艺术菜中，经常采用造型优美的花卉、动物、风光、器具等食品雕刻。例如冷菜"瀑布奇观"中的群山，就是用生姜等原料雕刻而成的；再如热菜"绣球金针菇"，在椭圆形盘中孔雀雕刻与围边艺术巧妙结合，从而升华了菜肴的意境，主题部位的菜肴形态又构成了孔雀光彩绚丽的羽毛斑点，提高了菜肴的格调，使菜品上升为一件美味可口的艺术品。

食品雕刻在应用中要求内容和形式协调一致，不可形意不符、牵强附会，表现的内容要健康恰当。食品雕刻在菜肴和宴席中的出现应有一定的比例和位置，因此雕品的比例和面积不能过大。应提倡以雕刻艺术品为引子和序曲，引出丰盛美味的餐点主题。

在一般拼盘中，最好少用或不用植物性原料的雕品，这类菜品应提倡依靠原料本身的色彩来造型，以达到丰富和完美菜肴艺术性的目的。

在热菜艺术菜中，应严格避免将生萝卜一类的雕刻物品放置在热沸的菜肴中。热菜艺术菜的造型应依靠菜肴本身的美味原料来构思、塑造和烹制。有些个别热菜艺术菜必须添加植物性雕品，也要做好雕品与菜肴的隔离工作，以确保菜肴的食用效果。

1. 简述食品雕刻的种类和步骤。

2. 简述花卉雕刻的步骤。

3. 简述禽鸟雕刻的操作要领。

4. 简述瓜盅雕刻的注意事项。

5. 简述动物雕刻的操作要领。

6. 简述食品雕刻在宴席中的作用。

后　记

　　《冷拼工艺与雕刻》经过5年时间的收集材料、拍摄图片、走访调研、学习书写等过程，于今年正式出版了。本书的出版发行得到各本科院校、高职学校、中职学校以及社会餐饮行业等有关人员的大力支持和帮助，在这里表示衷心的感谢。

　　随着改革开放的不断深入，我国烹饪技艺也突飞猛进，特别是冷菜工艺技术在烹饪中的作用日益明显，社会上对冷菜工艺技术水平的要求也越来越高。在冷菜工艺技术的发展中，无论是冷菜制作技术还是冷菜品种和原料的使用，以及冷菜由平面向立体拼摆的技艺方面都得到了很大的丰富和发展，这无疑为冷拼工艺与雕刻成为独立的学科奠定了实践和理论基础。

　　本书结合社会餐饮行业的发展现状和多年来的教学经验，理论联系实践，重点突出，通俗易懂。特别是书中有许多彩色图片，有利于学生学习和掌握，同时也利于广大烹饪爱好者学习和使用。由于编者学识水平、美学艺术、烹饪实践经验等有限，本书仍存在很多不足和错误，恳请广大师生和读者批评指正，我们愿意修改和补充，使本书更加完善。

编　者

2020年3月

参考文献

[1] 朱云龙.冷菜工艺[M].北京：中国轻工业出版社，2006.

[2] 周明扬.烹饪工艺美术[M].北京：中国纺织出版社，2008.

[3] 杨旭.冷菜制作工艺与食品雕刻基础[M].北京：旅游教育出版社，2016.

[4] 江泉毅.食品雕刻[M].2版.重庆：重庆大学出版社，2015.

[5] 胡剑秋，赵福振.花色冷拼造型工艺[M].重庆：重庆大学出版社，2019.